제임스 티소, 「차Tea」, 1872.

알버트 린치, 「차 마시는 여인들Femmes Prenant le Thé」, 리마 미술관 소장, 연도 미상.

클로드 모네, 「차 세트The Tea Set」, 1872.

테오 반 리셀베르그, 「여름날 오후 정원에서의 차Summer Afternoon(Tea in the Garden)」, 연도 미상.

매리 카셋, 「애프터눈 티Afternoon Tea」, 1891.

프레드릭 차일드 해섬, 「프랑스의 티 가든French Tea Garden」, 1910.

작가 미상, 「차 채엽 노동자들Pickers Women」.

홍차 수업 2

세상에서 가장 매혹적인 레드

홍차 수업 2

문기영

글항아리

전작 『홍차 수업』은 홍차를 공부하는 데 필요한 전반적인 내용을 '전해 오
는 말'이 아닌 '사실Facts' 중심으로 정리한 것이다. 차란 무엇인가. 홍차는
어떻게 가공하는가. 홍차의 주 생산지는 어디인가. 각 생산지의 특징은 어
떠한가. 중국에서 만든 홍차가 어떻게 유럽으로 가게 되었는가. 영국 홍차
문화인 애프터눈 티는 무엇인가. 홍차 브랜드에는 어떤 것이 있는가 등 역
사적·문화적 지식까지 포함했다. 2단계, 3단계 넘어오면서 흐릿해지고 모
호해진 부분 등을 자료와 현장 방문을 통해 일일이 검증하고 확인하면서
정리한 것이었다.

　『홍차 수업』은 2014년 무렵 점점 수준이 높아지고 있던 우리나라 홍차
애호가에게 필요한 책이었다. 그 후 5년이 지나면서 현재 우리의 '홍차 현
황'은 그 이전과는 너무나 많이 달라졌다. 홍차 전문점도 많이 생겼고, 스
타벅스 같은 커피 전문점에서 취급하는 차 종류도 늘어났다. 해외 유명 브
랜드들이 속속 한국에 입점하고 있다. 홍차에 관심 갖는 애호가도 더 많
아졌고, 배우는 사람도 교육하는 사람도 많아졌다. 차 관련 책도 아주 많
이 나왔다. 그만큼 홍차 애호가들의 수준도 더 높아졌다.『홍차 수업2: 세
상에서 가장 매혹적인 레드』는 바로 이들을 위한 책이다.

홍차는 단순한 음료가 아니다. '홍차 문화'라는 말이 있듯이 홍차를 둘러싼 인문학적 요소들이 홍차를 단순한 음료 이상의 것으로 만들고 있다. 따라서 한 잔의 홍차가 그냥 음료가 될 수도 있고, '인문학적 홍차'는 나와 타인 간에 소통의 매개체가 되어 내 삶을 훨씬 더 풍요롭게 만드는 문화적 아우라를 지닌 음료가 될 수도 있다.

사랑하면 알고 싶어지고 제대로 알면 더 사랑하게 된다고 믿는다. 전작 『홍차 수업』이 그러했듯이 이 책 또한 사랑하는 홍차를 더 잘 알고 싶어 공부한 결과물이다. 『홍차 수업 2』 또한 '전해오는 말'이 아닌 '사실Facts' 중심으로 정리한 것이다. 어쩌면 홍차를 막 알고자 하는 독자들이 첫 번째로 선택하기에는 적당한 책이 아닐 수도 있다. 하지만 필자처럼 홍차를 진지하게 알고자 하는 독자들에게는 많은 도움이 되리라 확신한다.

우리는 우리나라 차 문화가 대단하다고 여기지만, 전 세계 국가들 가운데 대단한 (홍)차 강국이 많다. 우리나라는 이들 국가에 비하면 차를 마신다고 할 수도 없을 정도다. 먼저 생산량, 음용량, 차 문화에서 존재감을 드러내고 있는 이들 국가들을 정리해보았다.(1장, 2장) 그리고 지난 10여 년 동안 우리나라뿐만 아니라 세계적으로도 차 업계에 많은 변화가 있었다. 특히 새로운 브랜드(차 회사)도 많이 생겨났다. 그중 주목할 만한 신생 회사들을 살펴보았다.(3장)

원산지에서 생산되는 생두의 차이보다는 이후 단계인 로스팅과 블렌딩에서 차별화가 가능한 커피와 달리 (홍)차는 찻잎을 따면 바로 가공해야만 한다. 따라서 차나무가 재배되는 현장에서 차는 최종적으로 완성되며 차의 품질은 이들에 의해 좌우된다. 완성된 차를 생산하는 출발점이라 할 만한 다원과 새로운 생산자로서 그 역할이 점점 더 중요해지고 있는 스몰 티 그로어Small Tea Grower/보트 립 팩토리Bought Leaf Factory 시스템에 대해서 아주 자세히 다루었다.(4장, 5장)

다른 음료와는 달리 (홍)차는 건강과 매우 밀접하게 관련되어 있다. 차의 성분들이 어떤 효능을 지니며 홍차의 맛과 향에는 어떤 영향을 미치는지 일반 음용자들이 궁금해하는 부분을 쉽게 정리했다.(6장) 그리고 차를 우릴 때 매우 중요한 요소이지만 놓치기 쉬운 물에 관해 필자의 수업에서 직접 실험한 결과를 중심으로 정리한 재미있는 내용이 이어진다.(7장)

이어서 앞 장과는 달리 가벼운 주제로, 홍차 잔과 커피 잔을 구별해야 하는 아무런 근거가 없다는 내용(8장)과 익히 들었지만 정확히 알기 어려운 말차와 가루녹차의 차이점을 다뤘다.(9장) 홍차는 생산과정의 특징에 따라 매일 가공되는 홍차의 맛과 향이 다르다. 같은 생산자가 만들어도 어제와 오늘의 맛과 향이 동일하지 않다. 따라서 홍차 거래는 매일매일 시음해서 평가한 뒤 그에 따라 가격이 결정된다. 이 거래과정(경매)에 관한 이야기가 10장에서 이어진다. 최근 유럽의 회사에서 판매하는 홍차 가격이 지나치게 오르고 있다. 마리아주 프레르의 다르질링 홍차 판매 전략을 중심으로 가격 인상 추세를 정리했다.(11장)

『홍차 수업』이 나올 때 초등학교 3학년이었던 딸 규리는 어느덧 중학교 2학년이 되었다. 책의 진행 상황에 관해 매일 관심을 가져주고 책 표지까지 직접 디자인하겠다고 열정을 보이던 그때와는 달리 지금은 자신과의 싸움이 힘들어서인지 아빠가 새로 쓴 책에 아무런 관심이 없다. 부디 현재를 잘 이겨내고 홍차를 사랑하는 멋진 숙녀가 되기를 바란다. 아빠는 항상 규리를 응원한다.

2019년 5월, 홍차 아카데미에서
문기영

제2부 | 다 원 에 대 한 이 해

4장 다원의 형성과 위기: 다르질링 지역 중심으로

5장 다원 홍차의 대안: 스몰 티 그로어/보트 립 팩토리

제3부 | 홍 차 의 과 학

6장 홍차의 성분과 건강상의 장점

제1부

홍차, 국가별 정리

1. 미국 :
티바나, 차의
스타벅스를 꿈꾸며

시중에 나와 있는 차 관련 책에 실린 미국 차^{Tea} 이야기는 주로 '보스턴 티 파티'와 관련된 것이다. 하지만 250여 년 전의 역사적 사건을 미국의 대표적인 차 이야기로 삼기에는 현재 미국이 급격하게 변화하고 있다.

세계에서 가장 많은 (홍)차를 수입하는 나라는 미국, 러시아, 파키스탄 이다. 이 세 나라가 1, 2, 3위를 다툰다. 미국인들이 홍차를 많이 마시기는 하지만, 대부분 아이스티고 RTD(Ready-to-drink의 약자로 유리병이나 캔, 페트병 등에 들어 있는 음료를 말한다) 형태로 마신다. 그리고 티백이 대세다. 1900년대 초반, 아이스티와 티백을 전 세계적으로 유행시킨 나라가 바로 미국이다.

스페셜티 티 수요 증가

최근 이런 미국의 홍차 소비 양상이 달라지고 있다. 세계적인 추세에 맞춰 스페셜티 티$^{Specialty\ Tea}$에 대한 수요가 급증하고 있는 것이다.('스페셜티 티'는 커피와는 달리 일반적으로 통용되는 엄격한 정의는 없다. 티백과 비교해 정통 가공법으로 생산한 잎차를 의미하는 것이라고 보면 된다.)

고급 홍차에 대한 수요가 증가하는 것은 차를 건강 음료로 여기고 있

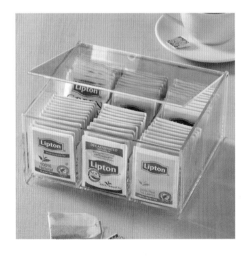

다는 것과 단순한 음료를 넘어서 하나의 리추얼Ritual로 간주한다는 것을 의미한다. 바쁜 생활 가운데 여유를 중요시하게 되면서 차의 이와 같은 특징이 오히려 관심을 받게 된 것이다.

그에 따라 미국 곳곳에 티투T2, 데이비드티DavidsTea(이들 두 브랜드는 3장에서 설명하겠다) 같은 고급 차 전문 매장이 들어서고 있다. 딱히 차와 관련이 없을 듯한 느낌과는 달리 미국 대도시에는 전 세계에서 온 고급 차를 마실 수 있는 곳이 유럽의 여느 도시 못지않게 많다.

다 양 한 차 전 통 의 용 광 로

미국 차 음용 양상의 장점은 다양한 나라의 차 전통을 선입견 없이 받아들여, 새롭고 역동적인 음료로 재발전시키는 것이다. 이는 미국 역사와 문화의 알려진 특징이기도 하다. 차를 다양하게 활용해 술 칵테일이나 음식 재료로 사용하기도 한다. 차와 커피를 블렌딩한 음료도 있다. 스타벅스 메뉴 중 더티 차이Dirty Chai를 주문하면 차이 라테에 에스프레소 한 샷을

•••
스타벅스가 한때
시도했지만 지금은 사라진
'티바나 파인 티+티 바'
매장 모습.

홍차 수업 2

넣어준다.(우리나라 스타벅스에서도 가능하다.)

미국 자체가 차지하는 영향력에 이런 문화까지 더해져서 앞으로 미국은 전 세계 차 시장에 많은 영향을 미치리라 예상한다. 영국, 독일, 프랑스와 같은 기존 홍차 강국에 미국을 포함시킨 이유이기도 하다.

미국의 차 시장 현황과 미래를 티바나를 통해 알아보겠다.

차의 스타벅스를 꿈꾸며

지난 6년 동안 전 세계 차 업계의 가장 큰 이슈 중 하나는 스타벅스가 차 사업에 진출한 것과 그 향방이었다. 한마디로 차 업계에서도 커피계의 스타벅스 같은 것이 나오겠느냐였다.

일단 '차의 스타벅스'에 대한 기대는 접어야 하는 것으로 판명이 났지만, 다른 방향으로 차 시장이 발전하고 있다. 2012년 스타벅스의 하워드 슐츠Howard Schultz 회장은 당시 약 350곳의 차 판매 매장(마른 찻잎만 판매)을 가지고 있던 티바나Teavana를 6억2000만 달러에 인수하면서 스페셜티 티

...
스타벅스 '더 종로' 점
티바나 코너.

산업의 미래를 장밋빛으로 예상했다.

1971년에 세워진 스타벅스의 원래 이름은 '스타벅스 커피, 티 앤 스파이스Starbucks Coffee, Tea and Spice'였다. 이를 1987년에 인수한 슐츠 회장이 스타벅스로 이름을 변경하면서 에스프레소를 기반으로 하는 커피 전문점으로 특화시켰다. 그래서인지 슐츠 회장은 차에도 꾸준히 관심을 가지면서 1999년에 차 브랜드 타조Tazo를 인수하기도 했다.

티바나를 인수한 후 2013년 10월 뉴욕에서 첫 매장을 오픈할 때 찻잎만을 판매하던 기존 매장에서 우린 차와 디저트까지 판매하는 '티바나 파인 티, 티 바Teavana Fine Teas, Tea Bar'로 콘셉트를 변경했다.

스 타 벅 스 의 바 뀐 전 략

그러나 스타벅스는 2016년 1월 새로운 티 바Tea Bar 콘셉트를 포기하고, 인수할 당시처럼 기존 약 350곳의 매장에서 찻잎만 판매하는 것으로 전략

...
스타벅스의 새로운 전략인
티바나 프리미엄 아이스티
6개 주력 제품.

을 수정했다. 성과가 신통치 않았기 때문이다. 대신 전 세계 스타벅스 매장에서는 티바나 브랜드의 차 음료를 매우 적극적으로 판매하기 시작했다.

지난 몇 년간 스타벅스 매장에서 판매 성장률이 가장 높은 것이 티바나 차 음료였으니 전략은 대성공이었다. 이런 상황에서 스타벅스는 2017년 7월 전체 티바나 매장 379곳을 2018년까지 폐업한다고 발표했고, 실제로 2018년 7월경 폐업을 완료했다. 스타벅스 측은 티바나 매장이 주로 위치한 미국의 몰Mall이 쇠락하면서 쇼핑객들이 줄어들고 있다는 점과 음료를 판매하는 스타벅스와 달리 찻잎을 판매하는 티바나가 온라인 쇼핑과 같은 경쟁 상황에 제대로 대처하지 못해 손실이 증가했다는 점을 들며 그 이유를 설명했다.

차 는 아 무 나 판 매 하 는 것 이 아 니 다

하지만 미국 차 업계에서는 다른 의견을 내놓았다. 티바나 매장의 판매원들이 제대로 교육을 받지 않아 차에 관해 잘 몰랐다는 것이다. 이로 인해 소비자들의 질문과 호기심에 제대로 대처하지 못하고 판매에만 열중한다는 불만이 누적되고 있었다고 지적했다. 그리고 매장에서 시음하는 레시피가 가정에서의 현실과 동떨어진다는 의견도 많았다. 게다가 '스페셜티 티'를 취급하는 업계에서는 아주 일반적인 마케팅인 판매하는 차의 생산지 즉, 출처에 대한 홍보를 소홀히 했다는 것이다.

미국 차 업계의 진단을 종합해보면, 미국의 몰이 쇠락하는 현상은 분명하긴 하지만 좀더 중요한 것은 차 관련 지식과 정보에 목마른 스페셜티 티 소비자들의 차에 대한 관심과 열정을 과소평가하여 이에 티바나가 제대로 대응하지 못했다는 것이다.

와인 가게에 가서 달랑 와인만 사가지고 나오지 않듯이, 스페셜티 티를 마실 정도의 소비자라면 차를 구입할 때 판매원으로부터 새로운 지식을 얻고, 차에 관한 여러 가지 정보를 나누고 싶어하고 한편으로는 차에 대한 자신의 지식도 자랑하길 원한다. 따라서 스페셜티 티를 판매하는 곳에서 근무하는 사람들은 차의 생산지에 따른 맛과 향의 차이, 차를 우리는 다양한 방법, 차의 역사, 여러 차 종류 등에 관해 어느 정도 지식을 갖고 있어야 한다.

미국 차 업계에서는 티바나의 사업 철수를 매장 운영에 대한 전략의 실패로만 여길 뿐, 차 산업 자체는 여전히 미래가 밝다고 보고 있다. 차의 의학적 효능이 재발견되고, 새로운 차 브랜드가 지속적으로 등장하는 등 차 산업은 매우 활기를 띠고 있기 때문이다.

급 변 하 는 차 시 장

스타벅스 입장도 다르지 않다. 티바나 판매 매장 사업만 철수했을 뿐 스타벅스 매장에서 티바나 차 판매는 성공적이었다. 이에 힘입어 티바나를 활용한 차 사업에는 더욱더 적극성을 보였다. 스타벅스는 프리미엄 RTD 시장과 프리미엄 티백 시장으로도 진출하고 있다. 오늘날 세계 차 시장의 트렌드는 고급화다. 앞서 말한 것처럼 미국은 대부분 RTD 형태로 차를 마신다. 스타벅스의 전략은 이 RTD 차 시장에서 티바나 브랜드로 고급화를 추구하겠다는 것이다.

미국 RTD 차 시장이 지속적으로 성장한 건 사실이지만 기존 RTD 차는 대부분 인스턴트 홍차 혹은 차 농축액으로 만들어졌다.

2012년 유니레버Unilever는 자신의 브랜드인 퓨어 립Pure Leaf을 세계 최대 음료 회사 중 하나인 펩시코PepsiCo와 제휴하여 재출시했다. 퓨어 립은 찻잎을 우려서 만든 고급 RTD 차로 차별화하여 프리미엄 RTD 차 시장에서 급성장하고 있다. 이 전략을 모델로 삼아 스타벅스 역시 2017년 2월에 세계 최대 맥주 회사 중 하나인 앤호이저 부시Anheuser-Busch와 제휴하

...
일반 슈퍼마켓 판매용으로
출시된 티바나 프리미엄
삼각 티백.

여 티바나 브랜드를 달고 프리미엄 RTD 차 음료 4종을 출시했다. 이 전략
이 성공하자 2018년에는 RTD 차 음료 2종을 추가해 현재 총 6종을 판매
하고 있다. 유통 역시 초기 몇 개 주에서만 이뤄지다가 2018년에는 전국
으로 확대되었다.

2018년 7월에는 일반 슈퍼마켓에서 판매할 목적으로 고급 삼각 티백
6종을 출시했다. 슈퍼마켓에서 판매되는 기존의 값싼 제품 대신 티바나의
고급 브랜드 이미지를 활용하여 티백에도 프리미엄 등급을 도입한 것이다.
2018년 5월 네슬레와 스타벅스는 계약을 체결했고, 그 결과 티바나 삼각
티백을 네슬레 유통망을 통해 전 세계에 판매할 수 있게 되었다. 네슬레는
커피뿐만 아니라 차 시장에서도 세계적인 회사다. 다만 이전까지는 주로 값
싼 티백 제품을 판매해왔다. 이 계약을 통해 티바나 브랜드를 프리미엄 차
로 판매할 가능성이 있는 것이다. 우리나라에서도 티바나 삼각 티백 제품
이 판매될 수 있다.

결국 스타벅스는 티바나 브랜드를 활용하되 이익이 나지 않는 티바나
단독 매장 판매는 포기하고, 이익이 나는 분야에 적극 투자한다는 지극히

비즈니스적인 판단을 한 것이다. 스타벅스 매장에서는 우린 차를 판매하고, 일반 슈퍼마켓에서는 프리미엄 RTD 차 음료와 프리미엄 삼각 티백을 판매해서 다른 의미에서 '차의 스타벅스'를 꿈꾸는지도 모르겠다.

> **미국에서도 차를 생산한다**
>
> 잘 알려져 있지는 않지만, 미국에도 상업용으로 차나무를 재배하고 가공해서 판매하는 다원이 있다. 사우스캐롤라이나주에 있는 찰스턴 티 플랜테이션Charleston Tea Plantation이다. 이곳의 역사는 130년 정도 되었다. 찰스턴 티 플랜테이션은 그동안 미국 유일의 다원이라고 마케팅해왔는데, 최근 미국 전역에 차나무를 상업적 목적으로 재배하는 다원이 17곳 정도 더 늘어났다. 곧 미국의 다원에서 생산한 차를 어렵지 않게 만날 수 있을 듯하다.
>
>

2. 영국 : 애프터눈 티의 탄생과 부활

커피 시장이 성장하면서 홍차 소비량은 지속적으로 감소하고 있지만, 영국은 여전히 홍차의 나라다. 유럽 전체 홍차의 절반 정도가 영국에서 소비된다. 일인당 음용량도 터키와 아일랜드에 이어 세 번째로 많다. 하지만 그

위상은 옛날과 같지 않다. 1961년 영국은 전 세계에서 수출되는 홍차의 42.6퍼센트를 수입했고, 2000년까지만 하더라도 홍차 수입량이 세계 1위였다. 현재는 미국, 러시아, 파키스탄에 이어 4번째로 홍차를 많이 수입한다. 영국의 홍차 소비량이 줄어들긴 했지만, 다른 나라들에서 증가한 것이 주 원인이라고 말하는 것이 더 정확할 것이다.

홍차에 우유와 설탕을 넣고

영국에서 소비되는 홍차의 95퍼센트가 티백 형태이며, 판매되는 홍차의 90퍼센트가 잉글리시 브렉퍼스트 종류다. 음용법도 단순하다. 머그컵에 홍차를 강하게 우려내 우유와 설탕을 넣어 마시는 것이 일반적인 음용법이다. 심지어 홍차를 우리는 데 걸리는 시간은 20초이며, 이 20초마저도 머그컵에 티백을 넣은 다음 뜨거운 물을 붓고 돌아서서 냉장고에서 우유를 꺼내 오는 시간이라는 말도 있을 정도다. "400그램의 물에 2~3그램의 홍차를 넣고 펄펄 끓는 물을 부어 3분간 우려야 가장 맛있다"고 말하는 필자의 주장이 무색하다.

필자의 홍차 아카데미에서 수업을 들은 어떤 이의 경험담이다. 영국에서 30년 정도 살다가 한국을 방문한 친구에게 홍차를 대접하기 위해 필

'영국 홍차 문화'라는 말이 주는 우아한 느낌과는 달리 실제로는 대부분 우유와 설탕을 넣어서 마신다.

자에게 배운 방식대로 저울에 홍차의 양을 재고 있으니 "홍차 우리는 데 뭐가 그렇게 복잡하니, 영국에서는 적당히 우려"라고 말했다고 한다. 그렇다. 영국에서는 적당히 우린다. 어차피 우유와 설탕을 넣어 달콤하게 마실 테니.

홍차에 아직도 설탕을 넣어?

하지만 영국도 젊은이들을 중심으로 조금씩 바뀌고 있다. 2016년 6월 3일 BBC에서 방송된 한 프로그램에서 "차에 설탕을 넣는지 여부가 그 사람의 사회적 지위에 대해 뭔가를 알려줄 수 있다고 믿는 영국인들도 있다"는 내용이 방영되었다. 다만 1955년 이전에 태어난 사람은 거의 다 설탕을 넣기 때문에 그렇게 판단할 수 없다고 부연 설명했다. 실제로 최근 자료에 따르면 대부분의 차 음용자가 여전히 우유를 넣지만, 설탕은 약 45퍼센트의 음용자만이 넣는다고 한다. 건강에 대한 우려가 차 음용 패턴에 변화를 가져오는 것이다.

영국이 홍차의 나라라고 해서 영국의 방식이 항상 옳은 것은 아니다. 차에 설탕이나 우유를 넣는 전통이 없고 섬세한 차를 즐기는 우리나라에서는 우리 방식이 옳은 것이다. 하지만 영국은 애프터눈 티라고 하는 아주 멋진 전통을 만든 나라다. 영국이 어떻게 홍차의 나라가 되었는지 그리고 애프터눈 티는 어떻게 탄생했으며 최근 다시 부활하게 된 이유는 무엇인지 알아보겠다.

홍차 음용의 느린 확산

기록에 따르면, 당시 선진국이었던 네덜란드가 1610년에 처음으로 유럽에 차를 들여왔다고 한다. 반면 유럽에서 상대적으로 후진국이었던 영국에서는 1657년 토머스 개러웨이 커피하우스Thomas Garraway's Coffee house에

영국 상류층에
홍차 음용을 전파한
캐서린 브라간자 왕비.

서 차를 팔았다는 것이 차에 관련된 첫 기록이다. 그리고 1662년에 포르투갈 공주 캐서린 브라간자가 영국 왕 찰스 2세와 결혼하면서 자신이 마시기 위해 소량의 차를 가져왔다는 것이 영국에서 홍차 음용의 시작을 알리는 빈약한 기록이다.

홍차가 처음 영국에 소개된 후 전 국민이 음용하는 국민 음료가 되기까지 아주 긴 시간이 소요되었다. 립턴 홍차로 유명한 토머스 립턴이 스리랑카에서 실론티(1972년에 실론에서 스리랑카로 국명이 변경되었다)를 값싸게 공급한 때가 1890년경이다. 이 무렵부터 영국 국민들이 마음껏 홍차를 마시게 되었으니 차가 처음 영국에 소개된 이후 거의 250년이 걸린 셈이다. 이렇게 시간이 오래 걸린 가장 큰 이유는 비싼 홍차 가격이다. 당시 영국에서 중국까지 왕복하는 데 거의 2~3년이 소요되었고, 또 많은 위험이 뒤따랐기에 차 가격은 오늘날에는 상상할 수 없을 정도로 비쌌다. 게다가 정부가 차에 매긴 세금 또한 엄청나게 높았다.

영국에서 홍차 소비가 급성장한 1차 시기는 1760년대 이후로, 여기에는 몇 가지 요인이 있다.

첫 째 는 술

1700년대만 하더라도 영국에는(물론 다른 나라도) 상하수도 시설이 제대로 갖춰지지 않았기에 물이 쉽게 오염되고, 이로 인한 수인성 질병이 빈발했다. 그로 인해 사람들은 발효시켜 상대적으로 안전한 술을 많이 마셨다. 술이 좋아서 마신 것이 아니라 딱히 대안이 없었기 때문이다. 부자와 가난한 사람들이 마신 술의 종류는 달랐는데, 보리 등 곡물로 만든 술은 가격이 비쌌다. 1700년대 초부터 런던에서 아주 품질이 나쁘고 독하지만 값싼 '진Gin'이 유행하기 시작해 1730년대에는 런던 시민들이 거의 주정뱅이가 되어버리는 상황이 벌어졌다. 오늘날 유명한 '런던 드라이진'은 당시에

「윌리엄 호가스의
진 거리 1751년」
술 취한 사람들의
싸움, 시신에서 물건
훔치는 사람, 거지와 개가
뼈다귀를 놓고 싸우는 모습,
술 취한 엄마가 어린아이를
떨어뜨리는 모습 등 진으로
야기된 비참한 상황이
묘사되어 있다.

는 실로 악마와도 같은 존재였다. 가난과 배고픔에 찌들린 시민들이 고통
과 배고픔을 잊기 위해 술을 마신 것이다. 정도가 심해져서 엄마가 두 살
난 아이를 목 졸라 죽이고 그 아이의 옷으로 진을 사 먹는 충격적인 사건
이 벌어지는 지경에 이르렀다. 이런 상황에 놀란 영국 정부가 1751년에 진
액트Gin Act라는 법을 제정해서 품질 나쁜 진의 제조와 유통을 금지하게

된다. 이때 대안으로 떠오른 것이 홍차였다.

둘째는 1784년의 차 세금 인하

당시 차에는 119퍼센트라는 아주 높은 세금이 부과되어 가격도 비쌌고 이로 인해 밀수가 성행했다. 영국에서 소비하는 차의 절반 이상이 밀수품이라고 추정될 정도였다. 이때 트와이닝 홍차 설립자인 토머스 트와이닝의 손자 리처드 트와이닝이 런던 차 판매인들을 대표해서 당시 수상이던 윌리엄 피트William Pitt에게 건의해 세금을 약 10분의 1 수준인 12.5퍼센트로 낮추게 된다. 이로 인해 밀수도 줄어들고 일반 국민들의 홍차 소비량은 늘어났다.

...
밀수하는 모습을 담은
당시의 그림.

셋째는 설탕

1700년 전후로 영국의 부자들은 홍차를 마실 때 설탕을 넣었다. 동양에서는 찾아볼 수 없던, 차에 설탕을 넣는 관습이 생긴 이유를 '잘난 척'으로 보는 견해가 있다. 당시 가격이 매우 비싼 홍차를 마시는 것은 일종의 신분 상징Status Symbol이었는데, 여기에 또 비싼 설탕까지 넣어 잘난 척을 하려 했다는 것이다. 하지만 실제로는 홍차의 맛이 더 큰 이유였을 것이다. 그때의 홍차는 쓰고 떫어 맛이 없었을 가능성이 높다. 설탕도 처음에는 아주 비쌌다. 앞서 언급한 캐서린 브라간자가 1662년에 결혼을 하면서 가져온 지참금이 인도 뭄바이항과 설탕을 가득 실은 배 7척

이었다. 이처럼 위상이 높고 가격이 비쌌던 설탕이 1700년대 중반 카리브해 지역에서 대량 생산되는 '설탕 혁명'이 일어나면서 대량으로 값싸게 수입되기 시작했다. 그 이후로 설탕은 대중화된다.

애프터눈 티의 시작

술의 대체품, 세금 인하 혜택, 설탕을 넣어 맛있어진 홍차가 1760년 무렵 영국에서 확산되기 시작하면서 영국 홍차 문화의 상징인 애프터눈 티가 탄생할 여건이 만들어졌다. 애프터눈 티 탄생에 관한 자료를 보면, 1840년 무렵 베드포드 7세 공작의 부인인 애나 마리아Anna Maria가 어느 날 오후 매우 허기가 지고 축 처지는 느낌Sinking feeling이 들어 하녀에게 홍차와 간단한 음식을 요청해서 먹은 것이 그 시작이라고 알려져 있다. 오후마다 그녀와 비슷한 경험을 한 동료 귀족들 사이에서 유행이 퍼져나가면서 영국 홍차 문화의 상징인 애프터눈 티가 시작된 것이다.

애나 마리아.

여기서 드는 의문은 홍차가 영국 사회에서 일반화된 1840년대 무렵까지 오후에 홍차와 티 푸드를 먹는 관습이 왜 없었느냐는 것이다.

홍차는 식량이었다

1700년대 후반~1800년대 초반을 지나면서 영국은 산업혁명 과정을 거치게 된다. 산업화가 이뤄지면서 도시로 몰려든 가난한 노동자들에게 우유와 설탕을 넣은 따뜻한 홍차는 단백질과 당분을 공급하는 식량이 되었다. 이 시대 영국인들에게 홍차는 오늘날 우리가 생각하는 기호 식품이 아니라 살기 위해 먹어야 하는 식량이었다.

1800년대 초반을 지나면서 영국에서 홍차 수요는 급증하게 된다. 홍차의 유일한 공급처인 중국은 홍차를 절실하게 요구하는 영국에 교환 조건으로 오로지 은Silver만을 고집했다. 부족해진 은을 조달하는 방법으로 영국이 생각해낸 것이 인도에서 재배한 아편을 중국에 팔아서 은을 받은 후 그 은으로 홍차를 구입하는 것이었다. 이것이 결국 1839년 아편전쟁

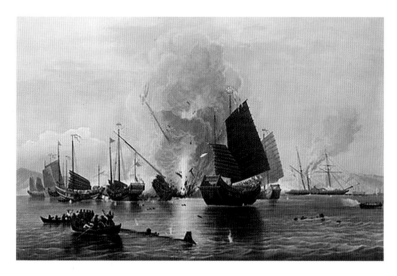

제1차 아편전쟁(1839~1842)이 한창이던 1841년 1월 7일, 동인도 회사가 만든 철제 증기선 네메시스호 (오른쪽)가 청나라 범선 15척을 궤멸시키고 있다.

을 부르게 된다. 1840년대 무렵 영국에서는 홍차가 일반화되고 거의 필수품이 되었지만, 여전히 귀한 것이었다. 그리고 식사 때나 먹는 식량에 가까웠다. 그 귀한 홍차를 식량이 아닌 기호 식품으로 먹는다는 것을 상상조차 하지 못했던 것이다. 우리나라의 쌀을 떠올려보면 쉽게 이해가 된다. 부자건 가난하건 누구나 쌀을 먹긴 했지만, 1980년대까지 쌀은 귀한 것이었고, 쌀 막걸리나 쌀 과자 등은 상상조차 할 수 없었다.

영국인들에게 홍차도 마찬가지였다. 식사 시간이 아닐 때 홍차를 마신다는 생각을 하지 못했을 것이다. 당시 귀족들이야 식사 때가 아니더라도 홍차를 마실 여유와 시간이 있었고 또 일부는 그렇게 했을 수도 있었겠지만, 사회적 분위기로 인해 그것이 확산되지는 못했다. 1840년대가 되어서야 애나 마리아라는 유명 귀족이 오후 시간에 홍차를 마시는 행위를 유행시킨 것이다.(따라서 차 연구자들은 애나 마리아가 애프터눈 티를 처음 만들었다기보다는 유행을 시켰다고 본다.) 그럼에도 홍차는 여전히 비쌌기에 애프터눈 티는 귀족층에서만 서서히 확산되기 시작했다.

애프터눈 티의 확산

초기에는 귀족들의 소규모 모임 수준이었지만, 1865년경 빅토리아 여왕이 애프터눈 티에 관심을 가지면서 버킹엄 궁전에서 애프터눈 티 파티를 열게 된다. 이 무렵부터 애프터눈 티 문화는 영국 상류층에서 빠른 속도로 확산되었고, 초기의 비공식적 모임에서 상당히 격식을 갖춘 사교 모임으로 발전하게 된다.

1870~1880년 무렵에는 애프터눈 티 파티의 규모도 커지고 이에 맞춰 집의 형태까지 새로 개조되기도 한다. 그리고 애프터눈 티 모임과 관련된 다양한 에티켓도 발전한다. 귀족 부인들의 티 가운Tea gown도 생겨나 애프터눈 티 모임을 할 때마다 예쁜 티 가운으로 자신들의 부와 아름다움을

GUIDE TO
BRITISH TEA DRINKING ETIQUETTE

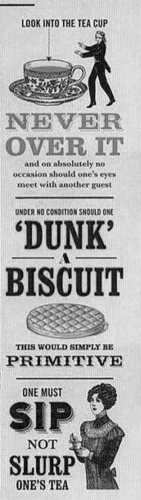

...
다양한 티 에티켓을 정리한 가이드.

애프터눈 티의 필수품인
3단 트레이. 정식 명칭은
케이크 스탠드Cake Stand다.
1층 샌드위치, 2층 스콘,
3층 단것 순서로 먹는다.

귀부인들이 입었던 티 가운.

과시하기도 했다.

처음부터 그랬듯이 이때도 애프터눈 티는 간식이었다. 티 푸드가 그렇게 풍성하지도 않았다. 애프터눈 티 파티에서도 차와 티 푸드에는 그렇게 관심을 갖지 않고, 자신들의 부를 과시하고 잘난 척하는 자리로 활용했다.

서민들의 애프터눈 티

비싼 차 가격으로 인해 오랫동안 상류층만의 문화였던 애프터눈 티가 1890년대로 접어들면서 드디어 온 국민의 문화로 확산된다. 홍차 가격이 저렴해지기 시작한 것이었다. 그동안 오직 중국에서만 수입하던 홍차를 1860년대부터 아삼에서 생산하기 시작해서 1890년대에는 (토머스 립턴이 공급하는 스리랑카 홍차까지 더해져) 영국인들의 수요를 충분히 충족시킬 수 있을 정도로 양이 많아졌기 때문이다. 가정마다 다구를 충분히 갖추고 있지 않았던 서민들은 간단한 애프터눈 티 모임을 할 때면 각자 집에서 자기 찻잔을 가져가는 시절도 있었다고 한다. 1900년대 영국 작가 조지 기

···
아이들이 애프터눈 티를
즐기고 있는 모습이 그려진
빅토리아 시대 광고 카드,
1900년경.

싱George Gissing은 홍차의 사회적 역할을 다음과 같이 이야기했다. "가정생활에서 영국인들의 천재성이 가장 두드러지게 나타날 때는 애프터눈 티라는 즐거운 모임에서다. 찻잔과 잔 받침의 쨍그랑거리는 소리만으로도 마음은 벌써 평화로워진다."

총알보다 홍차가 중요

위에서 언급한 것처럼 홍차 가격이 저렴해지면서 1890년 무렵의 영국은 그야말로 홍차의 나라가 되었다. 1910년부터 1925년까지를 배경으로 영국의 한 백작 가문을 다룬 영국 드라마 「다운튼 애비Downton Abbey」를 보면 그야말로 시간과 장소를 가리지 않고 백작 가족과 하인들이 지위고하를 막론하고 차를 엄청 마시는 장면이 나온다.

몇 년 전 개봉한 영화 「덩케르크」는 제2차 세계대전 당시 독일군에게 쫓겨 프랑스에서 철수하는 영국군을 다뤘다. 이 영화에서도 군인들에게 끊임없이 홍차를 제공하는 장면이 나온다. 당시 영국 수상 윈스턴 처칠은 "영국군에게는 총알보다 홍차가 더 중요하다"라는 유명한 말을 남긴다. 실제로 제2차 세계대전 당시 영국으로 홍차를 공급하는 것이 원활하지 않게 되자 1940년부터 홍차가 배급제로 전환된다. 이런 상황에서도 군인들에게만은 홍차가 충분히 제공되었던 것이다. 이 배급제는 1952년이 되어서야 종료된다.

애프터눈 티의 퇴색

12년간이나 지속된 배급제의 영향에다 제2차 세계대전 이후 전 세계를 휩쓴 미국 문화의 영향 그리고 정신없이 바쁜 현대 사회의 각박함이 더해져 1960년대 들어서면서 영국에서는 애프터눈 티라는 문화가 사라지게 된다. 줄곧 홍차를 마시는 것은 변함없었지만 영국인들이 사랑하고 따뜻

함을 느끼곤 하던 애프터눈 티를 즐기는 문화는 사라지고 관광객들을 위한 전통으로 퇴색해 일부 호텔에서만 명맥을 유지하게 된 것이다. 이것이 2000년 초반까지의 상황이었다.

이런 분위기가 변하기 시작한 건 10년 남짓밖에 되지 않는다. 필자가 2013년 8월 애프터눈 티로 유명한 런던 리츠 호텔에 갔을 때는 약 3개월 전에 예약을 해야 했고 일인당 드는 비용도 10만원이 넘었다. 드레스코드가 정해져 있어서 양복 차림에 넥타이를 매야만 했다. 직접 가보니 관광객들뿐만 아니라 영국인들도 모두 정장을 입고 서로 사진을 찍어주면서 호텔에서의 애프터눈 티를 매우 즐기는 듯했다.

애프터눈 티의 부활

런던의 애프터눈 티 열풍은 더욱 거세지고 있어서 애프터눈 티로 유명한 호텔은 예약하기가 이전보다 더 어렵다고 한다. 가격 역시 현지 언론조차 이해할 수 없다고 비난할 정도로 비싸서 2시간 남짓하는 애프터눈 티 체험에 일인당 15만원까지 하는 곳도 있다.

런던을 찾는 외국 관광객들은 말할 것도 없고 지방에 사는 영국인들도 런던을 방문하면 유명한 곳에서 애프터눈 티를 경험해보고자 하는 것이 유행이 된 것이다. 사라졌던 애프터눈 티 문화가 이렇게 부활한 원인으로 영국 언론에서는 보통 세 가지를 꼽는다.

첫째, 2008년 세계 금융 위기로 촉발된 불경기다. 경제가 어려워지자 영국인들은 전통적인 것과 가정에서 향유할 수 있는 아늑함에 대한 향수를 느꼈으며 그것이 가족과 친구들이 함께하는 애프터눈 티로 재현된 것이다. 둘째, 2012년 엘리자베스 2세의 즉위 60주년을 축하하는 다이아몬드 주빌리Diamond Jubilee 행사다. 오랜만에 치러진 대규모 왕실 행사를 통해 젊은이들이 영국 전통에 관심을 갖게 된 것이다. 셋째, 우리나라와 마

⋯
런던 호텔에서 즐기는 애프터눈 티.
화려하고 멋진 티 테이블.
(사진 출처: 런던 호텔 홈페이지)

영국인들이 일상적으로
즐기는 애프터눈 티.
(사진 출처:
Betty's Tearooms 홈페이지)

찬가지로 음식에 관한 TV 프로그램이 유행하고 티 푸드가 자주 다뤄지면서 홍차에 대한 국민들의 관심이 높아진 것이다.

현재 런던은 그야말로 애프터눈 티가 대유행이다. 신문에는 다양한 장소에서 원하는 가격대의 애프터눈 티를 마실 수 있는 곳을 소개하는 기사가 자주 실리고 있다. 영국 국민들은 예전처럼 다시 일상에서 애프터눈 티를 즐긴다. 과거에는 간식이었던 반면 현재는 친구, 연인, 부부끼리 애프터눈 티로 식사를 대신하는 경우도 늘어났다는 점이 달라진 모습일 것이다.

영국 작가 헨리 제임스Henry James는 "애프터눈 티라고 불리는 모임에서 보내는 시간보다 더 아늑한 순간은 삶에서 그다지 많지 않다"라는 말을 남겼다. 인터넷, 스마트폰, SNS 등 문명의 이기와 함께 모든 것이 너무나 빠르게 변화하는 오늘날 영국인들이 다시 기억하게 된 것은 100년 전 헨리 제임스의 말이 아닐까 생각한다.

3. 독일 : 함부르크와 오스트프리즈란트

독일하면 맥주를 떠올리곤 하겠지만, 독일은 커피의 나라이기도 하다. 커피 시장의 규모가 소비자 판매가 기준으로 세계 3위 수준이다.(1위는 미국, 2위는 브라질) 또한 허브 차Herbal Infusion 소비의 강국이기도 하다. 2015년에 소비한 물량이 약 3만 9000톤으로, 프랑스가 3100톤, 영국이 3900톤 수준임을 고려하면 얼마나 대단한지 짐작할 수 있다.

하지만 독일은 홍차와 관련해서도 매우 매력적이고 특이한 모습을 보여준다. 2015년 차 소비량은 영국이 약 11만 톤, 독일이 약 1만 9000톤으로(유럽에서 두 번째로 차를 많이 소비한다) 물량으로는 영국이 약 6배 더 많지만, 소비자가로 환산한 총액은 오히려 독일 시장이 더 크다. 어떤 자료에 따르면, 독일이 영국보다 평균적으로 7배 더 비싼 차를 마신다고 한다. 영국인들이 음용하는 차의 95퍼센트가량이 값싼 티백인 반면, 독일인들은 잎차 음용률이 60퍼센트 이상에 달한다. 다르질링 퍼스트 플러시의 가장 큰 시장이 일본과 독일 아닌가! 즉 독일인들은 영국인들보다 차를 적게 마시기도 하고 차 음용자 수도 훨씬 적지만 마시는 사람은 매우 고급 (홍)차를 마신다는 것이다.

또한 독일인 음용자들은 다양한 스페셜티 티를 선호할 뿐만 아니라 가공과정이나 생산지, 차를 우리는 법 등에 관해서도 매우 관심이 많다고 알려져 있다. 차를 구입할 때도 직접 차 전문점으로 가는 비율이 높은 편이다.

차는 카멜리아 시넨시스Camellia sinensis라는 학명을 가진 차나무의 싹이나 잎으로 만든 것이다. 따라서 허브를 주원료로 하는 허브 차Herbal Tea는 엄밀히 말해 차라고 할 수 없다. 일반적으로 영어권에서는 티젠Tiasne, 인퓨전Infusion이라는 명칭을 사용한다. 하지만 딱히 정해진 것이 없으므로 허블 티젠Herbal Tiasne, 허블 인퓨전Herbal Infusion이라는 명칭도 쓴다. 물론 허브 차라고 사용하는 경우도 많다.

함부르크와 슈파이허슈타트

　독일인들의 이런 차 음용 전통은 항구 도시인 함부르크가 유럽의 '차 수도Tea Capital'라고 불리기도 한다는 점에서 어느 정도 설명이 된다. 독일은 영국에 이어 유럽에서 두 번째로 차를 많이 수입하는 나라이자 재수출을 가장 많이 하는 나라다. 특히 블렌딩, 가향 등 프리미엄 차 가공에서 독일 전문가들의 실력은 유럽에서 넓게 인정받고 있다. 독일에서 재가공된 홍차는 고급 제품으로 취급되며 대부분 프랑스, 네덜란드 등 유럽 국가들과 미국, 캐나다로 수출된다. 함부르크는 차와 관련된 산업 그리고 차 관련 기관들이 집중되어 있는 곳으로, 스페셜티 티를 위한 유럽의 관문이라고도 불린다.

　이 함부르크 항구 지역에는 슈파이허슈타트Speicherstadt라고 불리는, 지

...
함부르크 슈파이허슈타트.

어진 지 100여 년이 지난 오래된 창고 지역이 있다. 과거에는 이곳에 코코아, 커피, 차 등을 보관했다고 한다. 마치 런던의 버틀러스 와프Butler's Wharf와 같은 역할을 한 듯하다.(버틀러스 와프는 템스 강변의 오래된 창고 거리로, 특히 차를 많이 취급했다. 이전 책 『홍차 수업』에 상세히 소개되어 있다.) 그런데 슈파이허슈타트의 규모가 버틀러스 와프보다 훨씬 더 크다. 운하를 중심으로 1.5킬로미터에 걸쳐 7~8층 높이의 건물 약 20채가 죽 늘어서 있는 모습이 너무나 고색창연하고 아름답다. 현재 이곳에는 차 박물관 등 차와 관련된 볼거리가 많아 구역 자체가 유명 관광지가 되었다.

오 스 트 프 리 즈 란 트

독일 홍차의 가장 큰 특이점은 북서쪽 니더작센Niedersachsen에 속해 있는 오스트프리즈란트Ostfriesland라는 작은 지방의 홍차 전통이라고 할 수 있다. 이곳은 지리적으로 네덜란드와 영국에 인접해 있어서인지, 유럽에서 차 역사가 시작된 초기부터 네덜란드를 통해 차가 소개되었다. 또한 영국 홍차 문화와도 밀접한 관계를 맺으면서 약 400년 전부터 오늘날까지 홍차 음용 전통을 유지하고 있다. 일인당 음용량이 독일 평균의 12배로, 이 지역을 하나의 나라로 가정한다면 세계 최고 수준이다. 독일 전체의 4분의 1에 해당하는 양이 이 지역에서 소비된다.

아삼 위주로 블렌딩된 영국 스타일의 강한 홍차를 선호하는데, 특히 홍차를 마시는 리추얼Ritual을 중요시하며 이 지역 특유의 홍차 음용법이 있다.

...
블루 컬러 패턴.

...
붉은색 모란꽃 패턴.

먼저 두 종류의 티 세트가 유명하다. 하나는 블루 컬러 패턴Blau Dresmer
이라고 하며 하얀색 바탕에 옅은 코발트색으로 무늬가 들어가 있다. 언뜻
보면 로열 코펜하겐과 비슷한 느낌을 준다. 다른 하나는 붉은색 모란꽃 패
턴Rood Dresmer으로, 역시 하얀색 바탕에 모란꽃 무늬가 들어간 티 세트다.
이들 티 세트 구성의 특이한 점은 티팟을 데우는 워머Warmer가 포함된다
는 것이다.

찻잔에 단단히 뭉쳐진 캔디 설탕을 먼저 넣고 차를 붓고는 특이하게 생
긴 크림용 스푼을 이용해 크림을 넣되 절대 젓지 않는다. 그러면 크림이
천천히 확산되면서 하얀 '구름'의 형태를 이룬다. 마셔보면 처음엔 쓴맛이,
이어서 우유 맛이, 마지막에는 단맛이 느껴진다고 한다. 어려웠던 시절에
설탕을 천천히 녹여서 여러 잔을 마실 수 있게 하기 위
해 생긴 전통이다. 실제로 독일 전역에서 커피 음용으
로 분위기가 전환되는 시기에도 오스트프리즈란트
지역은 경제적 이유로 여러 번 우려 마실 수 있는 차

...
크림용 스푼.

캔디 설탕을 넣고, 홍차를 붓는다.
크림을 넣되 젓지 않아야 크림이 구름 모양으로 퍼져나간다.

를 고수했다고 한다.

함부르크와 오스트프리즈란트 지역은 독일 북서쪽에 위치하며 두 지역 간의 거리가 멀지 않다. 독일 차 여행을 간다면 반드시 방문해볼 예정이다.

프랑스는 영국과 독일에 이어 유럽의 세 번째 홍차 강국이다. 국가별 소비량으로는 독일 다음이지만, 1980년대부터 시작된 전 세계적 홍차 르네상스에는 프랑스가 더 큰 역할을 했다고 할 수 있다.

1610년 네덜란드인들이 처음으로 차를 유럽에 가져갔다. 기록에 따르면 영국은 이로부터 50년이나 지난 1657년에 차를 판매했다고 한다. 하지만 프랑스에서는 1936년에 마자린 추기경이 통풍 치료를 위해 차를 약으로

4. 프랑스: 홍차의 새 역사를 열다

마셨다는 기록이 남아 있다. 영국보다는 프랑스에서 먼저 차를 마시기 시작한 것이다.

프랑스 차와 관련된 이야기에서 빠지지 않는 인물은 마담 세비네 Mademe de Sevigne라는 후작 부인이다. 이 후작 부인은 생전에 많은 편지를 쓴 것으로 유명하다. 그중 오늘날까지 1500여 통이 남아 있어서 프랑스 문학의 귀중한 유산이라 할 수 있다. 그 편지 중 하나를 보면 차에 우유를 넣는다는 내용이 있어서 차에 우유를 가장 먼저 넣은 사람이 프랑스인이라는 근거로 자주 인용된다.

귀족들만의 문화

18세기 중반부터 프랑스 혁명 전까지 유럽 지역에서 유행하던 앵글로마니아Anglomania(영국 것에 대한 사랑)의 영향으로 프랑스 귀족과 부자 사이에서는 차 음용이 유행하면서 차는 일상의 한 부분이 되었다.

하지만 차 음용이 영국처럼 프랑스 전체의 문화로 발전하지 못한 것은 차 마시는 문화가 영국과 달리 서민층까지 내려오지 못하고 귀족 문화로만 머물렀기 때문이다. 어떤 프랑스 작가는 프랑스 차 음용 문화가 루이 16세와 마리 앙투아네트처럼 기요틴guillotine에서 사라졌다고 농담을 했다고 한다. 19세기에 들어서는 부유층에서도 차 음용에 대한 관심이 사라지기 시작했다. 그 후 프랑스는 카페와 커피의 나라가 되었고, 오랫동안 차는 퇴폐와 사치로 간주되어 1980년대 초반만 하더라도 환자 혹은 부자 할머니들이나 마시는 것이라는 편견이 있었다.

차의 섬세한 맛과 향에 눈뜨다

프랑스 홍차의 반전은 1980년대 초반부터 시작되었다고 볼 수 있다. 1980년대 초반은 우리나라를 포함해 전 세계적으로 홍차 르네상스가 시작되는 시기다.

1980년대 프랑스에서는 여느 나라에서처럼 건강한 삶에 대한 관심이 증가하면서 중산층에서 커피의 대안 음료로 차에 관심을 보이기 시작했다. 그러면서 차 음용이 커피 음용보다는 약간의 우월감을 주기도 했다. 차에 대해 알고 싶은 욕구가 고조되면서 점점 고급 홍차를 찾게 되었으며, 차는 한 잔의 따뜻한 음료 그 이상이 되었다.

프랑스인들은 전통적으로 먹고 마시는 것의 생산지와 그것을 만들어내는 문화에 관심을 보이곤 한다. 차 역시도 와인처럼 여긴 것이다. 와인을 사랑하는 민족답게 차 생산지의 테루아와 생산 방법에 주의를 기울이면서 섬세한 맛의 세계를 발견하게 된다. 여기에다 좋은 가향차를 접하기가 쉬워지면서 우유와 설탕을 넣는 영국식 홍차와는 다른 것을 추구하기 시작했다.

이 무렵 본격적으로 해외여행을 시작한 일본인들이 런던이나 파리에 와서 책에서 읽은 홍차 문화를 찾아보기 시작했다. 일본인들은 우유와 설탕을 넣은 영국식보다는 프랑스 스타일의 홍차를 더 선호했고, 그 결과 일본들이 쓴 돈에 기대어 프랑스 홍차가 활로를 찾게 되었다.

...
마리아주 프레르 매장과
르팔레 데테 매장.

...
마리아주 프레르 매장 내부에 있는
다구들. 전체적으로 일본풍이 강하다.

프랑스 홍차 회사들의 노력

물론 이런 변화는 이전까지 티백만 알고 있던 소비자들에게 다양한 다원 홍차 같은 고급 차 세계를 선보이고, 차의 테루아와 가공 방법에 따른 미묘한 맛과 향의 차이를 교육한 프랑스 홍차 회사들의 공헌도 크다. 그중에서도 특히 마리아주 프레르Mariage Freres, 르팔레 데테Le Palais des Thes 같은 회사들이 두드러진다. 이런 홍차 회사들의 노력과 프랑스 소비자들의 취향 변화로 1980년대 후반과 1990년대를 지나면서 프랑스에서는 영국 홍차와는 다른 새로운 홍차 문화가 형성되기 시작했다.

점점 수준이 높아지는 차 애호가들의 욕구를 충족시키기 위해 여러 다원 홍차, 다양한 블렌딩, 특히 다양한 가향차 등 수백 가지 제품으로 무장한 홍차 판매 목록이 등장해 홍차의 나라 영국을 놀라게 했다.

이 홍차 판매 목록에는 와인 리스트처럼 홍차 각각에 대한 자세한 정보 또한 제공되어 있다. 최근에는 시판 제품 종류가 많이 늘어나기는 했지만, 영국 홍차 회사들은 여전히 200종도 채 되지 않는 반면 프랑스 회사들이 700~800종의 목록을 보유하고 있다. 이는 홍차의 맛과 향이 얼마나 다양해질 수 있는가를 보여준다.

물론 여기에 소개된 홍차들의 맛과 향이 다 훌륭하다는 것도 아니고, 수백 가지 가향차의 맛과 향이 모두 개성적이라는 의미도 아니다. 다만 맛과 향의 다양성에 대한 탐구정신은 높이 평가할 수는 있다. 오늘날 프랑스는 프리미엄 홍차의 세계적 리더로서 영국을 포함한 여러 나라의 모델이되고 있다.

프랑스 홍차의 미래

이런 분위기를 바탕으로 프랑스에서는 많은 차 회사가 생겨나고, 전통 있는 회사들도 새롭게 단장하고 있다. 1980년대부터 마리아주 프레르와

···
다만 프레르의 베스트셀러
자르댕 블루.

쿠스미 티 서울 매장.

자르댕 드 가이아
제품들.

함께 정체된 프랑스 차 시장을 일깨우는 데 일조한 회사가 르팔레 데테다. 르팔레 데테는 현 사장인 프랑수아자비에르 델마스Francois-Xavier Delmas가 중심이 되어 1986년에 설립되었다. 델마스는 차 전문가로, 차 생산지도 자주 방문하고, 차에 대한 많은 정보를 제공하고 있다. 그래서인지 판매되는 차도 비교적 품질이 좋다.

다만 프레르Dammann Freres는 오랫동안 에디아르, 포숑 같은 고급 식료품점에 차(주로 가향차)를 공급해온 회사다. 2007년에 이탈리아 커피 회사 일리Illy가 이것을 인수하면서 파리와 해외에 티 샵을 열고 본격적으로 일반 소비자를 대상으로 판매를 시작했다. 2013년에는 서울에, 2018년 봄에는 제주도에 두 번째 티 샵을 열어 한국 진출도 이어가고 있다. 프랑스 회사답게 차를 담고 있는 틴의 디자인이 세련되었으며, 티 샵 역시 멋지다.

가향차로 유명한 쿠스미 티Kusmi Tea도 2018년 봄 서울에 매장을 열었다. 1867년 러시아에서 설립된 쿠스미 티는 러시아 혁명 때 파리로 이전했고, 현재는 프랑스 회사다. 이외에 조르주 캐넌Georges Cannon, 베처먼 바통Betjeman&Barton 같은 오래된 회사들도 새롭게 변신하고 있고, 자르댕 드 가이아Les Jardins de Gaia, 콩투아 프랑세 뒤 테Comptoir Francais du The 등 1990년대 이후에 생긴 회사들도 눈에 띈다. 자르댕 드 가이아의 일부 제품은 한국에도 수입된다.

프랑스의 차 소비량은 총 1만5000톤 수준으로, 일인당 소비량은 낮지만 미국과는 달리 RTD가 아닌 제대로 우린 차에 대한 선호도가 높다. 차 시장은 매년 성장하고 있고, 특히 고급 차 시장의 성장 속도가 빠르다. 음식과 와인 못지않게 차와 음식의 조화에서도 재능을 발휘하고 있다. 오랜 역사를 가진 차를 재발견하면서 새롭게 매력을 느끼고 있는 곳이 프랑스다. 프랑스 차의 현주소는 고급 와인에서 고급 커피로, 그리고 고급 차로 이어지는 곳에 있다.

2016년 4월 다르질링 지역을 방문했을 때 싱불리 다원과 터보 다원으로 가기 위해 다르질링 서쪽 생산지인 렁봉 밸리와 미릭으로 이동했다. 다르질링 타운에서 이 두 지역으로 이동하는 동안 오른쪽 계곡 건너편으로 네팔에서 가장 유명한 홍차 생산지인 일람Ilam 지역이 보였다.

가끔씩 보이는 국경 출입 지역은 우리나라 철도 건널목처럼 단순했고,

1. 네팔 :
떠오르는 홍차 강국

...
카카르비타의
출입국 관리소.

휴대전화에 네팔 지역으로 들어왔다는 문자가 뜨곤 했다. 다르질링 지역과 네팔의 일람 지역은 그냥 연결되어 있는 땅이다. 다만 인간이 설정해놓은 국경선만 존재할 뿐이다.

실제로 네팔인들과 인도인들은 이 국경선을 별다른 절차 없이 마음대로 왔다 갔다 할 수 있다. 하지만 외국인인 우리는 미릭 지역보다 더 남쪽에 위치한 네팔의 국경 도시 카카르비타Kakarvitta에서 출입국 절차를 밟아야 하기에 2019년 4월 필자가 방문했을 때는 시간이 많이 소요되었다.

일람이 위치한 네팔 동쪽 지역은 지리적, 지형적 특징도 다르질링과 매우 유사하고, 1000~2300미터 사이의 고도에 주로 다원이 펼쳐져 있다. 기후적 특징도 동일해 다르질링 홍차처럼 퍼스트 플러시, 세컨드 플러시, 오텀널로 구분해서 생산되어 홍차의 생산 시기와 특징까지 비슷하다. 그에 따라 네팔 홍차와 다르질링 홍차는 맛과 향에 큰 차이가 없다. 이런 이유로 오랫동안 네팔의 좋은 홍차들은 다르질링 홍차로 판매되어 왔다.

다르질링과 비슷한 테루아

다르질링과 네팔 동쪽 지역은 테루아가 비슷함에도 그동안 네팔 홍차가 그대로 판매되지 못하고 가짜 다르질링 홍차 혹은 다르질링 홍차에 블렌딩되어 판매된 것은 네팔의 국가 이미지 문제와 네팔 홍차의 낮은 인지도 때문이다. 하지만 좀더 현실적인 문제도 있었다. 대부분 네팔 홍차의 품질이 실제로 다르질링보다 좋지 못했던 것이다.

서해에서 서식하는 명태는 중국 바다와 한국 바다를 마음대로 오간다. 따라서 똑같은 명태를 한국 어선이 잡으면 한국산이고 중국 어선이 잡으면 중국산이다. 그럼에도 우리는 한국산 명태를 더 선호한다. 명태 자체는 똑같은데 왜일까? 전문가에 따르면 바다에 있는 명태는 똑같지만 배 위로

...
일람 지역 다원 전경.

잡아올리는 순간부터 이를 가공하는 기술이 다르다고 한다. 실제로도 한국 어선이 잡은 명태가 훨씬 더 품질이 좋다고 한다.

마찬가지로 네팔과 다르질링의 테루아는 매우 유사하지만, 차나무 품종, 다원 관리 능력, 티 팩토리 수준, 홍차 가공 기술 등이 네팔이 다르질링보다 못했던 것이다. 또한 상품을 운송하는 도로 사정 역시 매우 나쁘다. 국가가 가난하고, 차 산업에 종사하는 사람들에게 자본이 없으니 좋은 품질의 홍차를 생산할 수 없었던 것이다. 하지만 섬세하고 부드러운 고급차를 선호하는 세계적 트렌드와 다르질링 홍차가 직면한 위기, 지리적 표시의 영향으로 네팔에 자본이 투자되기 시작했다.(이 배경에 대해서는 '4장 다원의 형성과 위기: 다르질링 지역 중심으로'의 '지리적 표시의 양면성'과 '네팔의 등장' 부분에 자세히 설명되어 있다.) 네팔 홍차의 품질을 개선할 수 있는 기회가 온 것이다.

네 팔 홍 차 의 과 거 와 현 재

다르질링과 인접한 일람 지역에서는 다르질링과 비슷한 시기인 1860년대에 차나무 지배를 시작했지만 정치적 혼란 등의 이유로 차 산업이 제대로 성장하지 못했다. 1950년대부터 조금씩 생산을 재개하다가 네팔 정부가 1982년에 다르질링과 인접한 네팔 동쪽 지역에 5곳의 차 생산지를 선포한다. 바로 일람Ilam, 자파Jhapa, 판치타르Panchthar, 테르하툼Terhathum, 단쿠타Dhankuta 지역이다. 그리고 가난한 농부들에게 차 재배를 권장하면서 차 생산이 조금씩 활기를 띠다가 1997년 다원과 차 공장(티 팩토리와 차 공장을 혼용해서 사용한다)을 민영화하면서 생산량이 급성장하기 시작했다.

1996년에 2900톤에 불과했던 생산량은 2012년에 1만8000톤, 2017년에는 2만4000톤까지 급격히 늘어났다. 대부분은 CTC로 생산되어 일부는 수출되고 일부는 국내에서 소비된다. 최근에는 정통 홍차 생산량이 급

속히 증가하여 2017년에는 (전체 홍차 생산량 2만4000톤 가운데) 6000톤가량에 이르렀으며 대부분 수출되었다.

　5곳의 주요 생산지 중 자파는 저지대에 위치한 평원지역으로 큰 다원이 많으며 주로 CTC를 생산한다. 카카르비타에서 단쿠타로 이동하기 위해 자동차를 타고 달리는 도로 양쪽의 평원 지대에는 차밭이 넓게 펼쳐져 있었다. 나무가 듬성듬성 심어져서 그런지 아삼 차밭보다 탁 트여 더 넓어 보였다. 이곳이 네팔의 테라이 지역으로(자파는 테라이 지역에 속한다) 다르질링 남쪽의 테라이 지역과 연결된다.('4장 다원의 형성과 위기: 다르질링 지역 중심으로'에 있는 '테라이 두어스' 박스 참조) 에베레스트산을 포함해 세계에서 가장 높은 산들이 대부분 네팔에 위치해 있기에 국토의 대부분이 산악 지대라고 여길지도 모르지만, 실제로는 저지대도 펼쳐져 있어 고도 변화가 아주 심하다.

...
칸얌 다원 전경.

...
준 치아바리 티 팩토리.

네 팔 홍 차 의 미 래

　네팔 홍차 생산지로 가장 유명한 지역은 다르질링에서 계곡 너머로 볼
수 있는 일람이다. 차나무가 처음 재배된 곳이기도 하고, 1978년에는 첫
번째 CTC 공장이 세워졌고, 1993년에는 가장 먼저 정통 홍차 가공 공장

이 세워졌다.

　일람 지역의 대표적인 다원 중 하나인 칸얌Kanyam 다원은 야트막한 산 등성이 전체가 차나무로 덮여 있어서 다르질링과는 또 다른 느낌을 주며 매우 아름답다. 차를 세워놓고 일행들은 이 아름다운 차밭 사이로 오랫동안 산책하기도 했다. 하지만 정통 홍차를 생산하는 티 팩토리를 방문했을 때는 여러 면에서 아쉬운 점이 많았다.

　최근 주목받고 있는 곳은 일람에서 조금 서쪽에 위치한 단쿠타 지역이다.(지도상으로는 약간 서쪽에 위치해 있지만 실제로 자동차를 타고 이동하면 일람에서 거의 7~8시간이 소요된다.) 이곳은 20여 년 전부터 새로 개발됐는데, 네팔의 여느 지역과는 달리 차나무 품종도 좋고, 차나무 재배법, 가공 기술 등이 많이 개선된 곳이다. 이곳에 위치한 준 치아바리Jun Chiyabari, 구란세Guranse, 쿠와파니Kuwapani 등 3개 다원에서 생산되는 홍차 품질은 매우 훌륭하다. 세 다원 모두 2000미터 전후 고도에 위치하고(일람 지역은

· · ·
로네펠트에서 판매하는
준 치아바리 다원 홍차.

· · ·
마리아주 프레르에서
판매하는 네팔 차들.

1500미터 전후에 위치) 티 팩토리는 서로 아주 가까이 인접해 있다.

오후 늦게 도착해서 아쉽게 티 팩토리 내부는 볼 수 없었다. 구란세 다원 티 팩토리 주변 차밭의 저녁 무렵 모습이 매우 고즈넉하고 아름다웠다. 준 치아바리, 구란세 다원의 티 팩토리는 일람 지역과는 확연히 다르게 깔끔하고 새로 지은 느낌이 들었다. 쿠와파니 티 팩토리는 아쉽게도 운영되지 않았다. 갑자기 높아진 인건비 부담으로 2018년 11월부터 생산을 중단했다고 다원 관계자는 말했다. 세 곳 모두 연간 생산량은 다르질링 다원들과 비교해서 다소 적은 편이었다.

이들이 직접 소유한 차밭도 있지만 주위의 STG('5장 다원홍차의 대안 : 스몰 티 그로어Small Tea Grower/ 보트 립 팩토리Bought Leaf Factory' 참조)들로부터도 찻잎을 구매한다.

유럽의 유명 홍차 회사들은 이미 몇 년 전부터 많은 네팔 홍차를 판매하고 있고, 가격 또한 만만치 않다. 한 가지 특징은 주로 히말라야라는 이름으로 마케팅 및 판매하는 경우가 많은데, 네팔보다는 히말라야라는 이

미지가 더 좋기 때문인 듯하다. 100퍼센트는 아닐지라도 히말라야라는 단어가 들어간 홍차는 네팔 홍차일 가능성이 크다.

네팔은 10년 안에 4만5000톤의 생산량을 달성하고 그중 3만 톤을 정통 홍차로 생산한다는 원대한 계획을 가지고 있다. 다르질링의 정통 홍차 생산량이 8000~9000톤 정도임을 고려할 때 그야말로 엄청난 양이다. 최근 새롭게 만들어진 여러 다원에서 본격적으로 생산이 시작되면서 이 계획은 실현되어 가고 있다. 다만 과거에도 그러했듯이 정치적 불안정이 이 계획에 부정적인 영향을 끼치지 않을까 우려된다. 2014년에는 'Nepal Tea Quality from the Himalayas'라는 네팔 홍차 로고를 만들어 전 세계에 홍보하고 있다. 2019년 4월, 직접 가서 본 네팔 차밭들의 모습은 매우 인상적이었다. 네팔 홍차는 성공할 듯하다. 그리고 향후 전 세계 홍차 시장에서 네팔 홍차는 가장 큰 이슈가 될 가능성이 높다. 이것이 알려지지 않은 홍차 강국들을 주제로 한 2장에서 네팔을 첫머리에 실은 이유다.

히말라야 산맥을 배경으로
조용히 숨어 있는
단쿠타 힐레 지역 차밭.
힐레 지역에
세 다원이 위치한다.

2. 터키 : 일인당 홍차 음용량 세계 1위

일인당 (홍)차 소비량 세계 1위 (약 3.2킬로그램, 2위 아일랜드, 3위 영국)

국가별 (홍)차 소비량 세계 3위 (약 25만 톤, 1위 중국, 2위 인도)

(홍)차 생산량 세계 5위 수준 (약 23만 톤, 베트남과 5~6위를 다툰다. 1위 중국, 2위 인도, 3위 케냐, 4위 스리랑카)

이런 놀라운 기록을 갖고 있는 나라가 바로 터키다. 우리나라 차 음용 (주로 녹차를 마시지만)의 역사와 문화가 대단하게 보일 수도 있지만, 세계적인 관점에서 보면 우리나라 차 역사와 문화는 다소 빈약한 편이다. 터키처럼 우리에게 잘 알려져 있지 않은 뜻밖의 홍차 강국이 (생산량, 음용량, 문화 측면에서) 많이 있다.

커 피 에 서   홍 차 로

터키는 커피로 유명하다. 이브리크ibriq, 제즈베cezve 등의 이름을 가진 작은 밀크 팬처럼 생긴 구리 용기에 커피 가루, 설탕, 물을 한꺼번에 넣고 끓인 후 커피 가루를 가라앉히면서 천천히 마시는 음용법이 특징이다. 터키의 커피 역사는 오스만튀르크의 전성기였던 16세기 초반 아라비아 반도의 커피 산지인 예멘을 점령하면서 본격적으로 시작되었다.

16세기 무렵 실크로드를 통해 차가 전해지면서 커피 못지않게 오랫동안 터키에서 음용되었다. 커피에 비해 존재감은 약했으나 19세기 말에 차의 건강상 장점을 소개한 작은 책자가 발간되면서 차 문화가 확산되기 시작했다. 오스만튀르크가 몰락하고 1911년에 예멘을 빼앗기면서 커피 공급에 큰 차질이 생기게 되자 정부 차원에서 대안으로 홍차에 관심을 돌리게 되었다.

터키 북동쪽, 흑해 연안지역인 리제Rize에서 1924년 처음 차나무 재배가 시작되었다. 당시 소비에트 연방국 중 하나인 그루지아(지금은 조지아로

...
제즈베.

홍차 수업 2

...
터키 다원.

...
리제와 근처의 트라브존이
주된 차 생산지다.

불린다. 그루지아의 차 역사 또한 흥미롭다. 이에 관해서는 러시아 편에서 다룬다)
에서 차나무를 가져왔다. 리제는 비가 아주 많이 내리고 습한 지역이지만
터키에서 유일하게 차 생산이 가능한 곳으로 터키 차 대부분이 이 근처에
서 생산된다. 국내에서 차 생산이 가능하다는 것이 확인되자 1930년대부
터 터키 정부가 적극적으로 차나무 재배와 차 음용을 지원하면서 홍차 음
용이 확산되기 시작했다.

수색이 예쁜 홍차

차를 우릴 때는 러시아의 유명한 차 도구인 사모바르Samovar에서 차용한 차이단록Çaydanlık이라는 금속으로 만든 독특한 도구를 사용한다. 알라딘 램프처럼 생긴 주전자를 위아래로 이층으로 겹쳐놓아 아래 주전자 속의 물을 끓이면서 그 열로 위 주전자에서 차를 우린다. 따라서 천천히 우려지면서 향과 맛이 아주 강한 차가 된다.

위 주전자에서 우려진 강한 차를 소주잔보다 크고 맥주잔보다 작은, 허리가 잘록하여 튤립처럼 생겼다고 불리는 유리잔에 붓고, 아래 주전자의 뜨거운 물을 부어 농도를 조절해서 마신다. 이는 커피의 아메리카노 스타일이라고 할 수 있다. 아주 진한 진홍색 수색이 특징이며 예쁘기도 하다. 일반적으로 우유는 넣지 않고 각설탕만 두어 개 넣어 마시는데, 맛이 아주 달다. 하지만 결코 홍차 품질이 좋은 것은 아니다.

...
차이단륵.

홍차는 대부분 정통 가공법으로 만들지만, 채엽을 할 때 아래에 주머니가 달린 커다란 가위처럼 생긴 도구로 찻잎을 줄기째 무차별로 절단해서 좋은 품질을 기대하기 어렵다. 대부분 국내에서 소비되고 수출은 거의 하지 않는다. 나쁜 품질로 인해 외국인 관광객들을 위해서 사과향을 가향한 터키식 애플 티라 불리는 가향 홍차가 생산되는데, 이것이 터키의 전통 홍차라고 잘못 알려져 있다.

홍차는 터키 문화의 필수적인 요소일 뿐만 아니라 언제, 어디서나 어떤 상황에서 그리고 어떤 계층에서도 음용되는, 사회생활에 매우 중요한 역할을 하는 일상 음료다.

일인당 3.2킬로그램은 잔으로 환산하면 일인당 연간 약 1000잔에 이르는 양이다. 커피 천국인 우리나라가 일인당 약 500잔임을 고려하면 엄청난 양이다.

...
수색이 예쁜
터키 홍차.

...
인도나 스리랑카에 비해서
채엽과정에서 섬세함이 훨씬 부족하다.

　　터키 홍차가 필자의 취향이 아닐 것은 확실하지만, 그래도 꼭 한 번은 터키에서 터키식 홍차를 마시고 싶다.

　　필자가 번역한 『홍차 애호가의 보물상자』 터키 편에 있는 글이다.

"이스탄불의 골든혼과 그 너머 보스포루스 해협을 낀 세라글리오곶을 앞에 두고 톱카프 궁전의 티 하우스에서 차를 한번 음미해보라. 그러면 터키 홍차가 세계에서 제일가는 차에 속한다는 사실에 기꺼이 동의하리라."

3. 파키스탄 :
다양한
밀크티의 나라

국가별 (홍)차 수입량 세계 1~3위 수준 (약 16만 톤, 미국과 러시아와 1~3위의
순위가 자주 뒤바뀌며 4위는 영국)
국가별 (홍)차 소비량 세계 4~6위 수준 (마찬가지로 미국, 러시아와 자주 뒤바뀜.
1위 중국, 2위 인도, 3위 터키)

파키스탄의 홍차 음용 상황을 이해하는 데 가장 중요한 것은 1947년
영국으로부터 독립하기 전까지 오랫동안 파키스탄과 인도는 역사적으로
하나의 나라였다는 점이다. 방글라데시 또한 마찬가지다.
인도와 파키스탄(동·서파키스탄)은 영국 식민지 이전과 식민지 기간에
하나의 나라로 존재하다가 독립하면서 분리되었다. 1971년 동파키스탄이

..
1947년 인도로부터 동·서파키스탄으로 분리 독립,
1971년 동파키스탄이 방글라데시로 다시 독립.

···
거리에서 차를 판매하고
있는 모습(시기는 불분명),
힌두HINDU는
인도를 뜻한다.

···
파키스탄의 티 하우스.

다시 독립해 방글라데시가 되었다. 인도 문명의 탄생지이며 인도라는 국명
이 유래한 인더스강의 대부분도 파키스탄 영토 내에 있다. 따라서 인도와
파키스탄(혹은 방글라데시까지 포함하여) 사이에 홍차 음용에 있어 역사적,
문화적 유사점이 많을 수밖에 없다.

인도의 홍차 음용 역사는 비교적 짧은 편이다. 1860년대 아삼에서 본격적으로 차가 생산되기 시작했지만 초반에는 생산하는 족족 영국으로 가져가기에도 부족했다. 1900년대 무렵 영국 수요량을 감당하고도 여유분이 생기면서 인도 상류층이 홍차를 마시기 시작했다. 차 생산량이 점점 늘어나자 1930년대부터는 영국이 인도 내 소비를 적극적으로 홍보하기 시작하면서 인도의 홍차 음용은 본격적으로 확산되었다.(여기까지의 역사는 파키스탄과 방글라데시가 동일하다.)

캐시미르 차이.

1947년 인도와 파키스탄의 분리 독립 이후 두 나라는 영토 분쟁 등으로 지속적으로 관계가 좋지 않았다.(지금까지도 마찬가지다.) 하지만 당시는 동파키스탄(즉 방글라데시)에서 차가 생산되었기에 어느 정도 자급자족이 가능했다. 하지만 1971년 방글라데시마저 독립하면서 파키스탄은 급격히 홍차 수입국으로 변하게 된다.

파키스탄은 남한 면적의 약 8배, 인구는 약 2억 명에 이르는데, 국내에서 차가 거의 생산되지 않으니 당연히 수입량이 많을 수밖에 없다. 이것은 차 수입량 1, 2, 3위를 다투는 미국, 러시아도 동일한 입장이다.

차는 파키스탄인의 일상에서 매우 중요하며 빈부, 지위고하를 떠나 식사를 할 때나, 가정이나 직장에서의 모든 행사에서 마시는 국민 음료다. 아직 가난한 파키스탄에서 국민들이 차와 담배만 줄이면 파키스탄의 문제가 대부분 해결될 거라고 말한 저명인사도 있었다. 그만큼 차를 자주, 많이 마신다는 뜻일 것이다. 종교적 이유로 인해 술이 공식적으로는 금지되는 것도 차를 많이 마시는 이유 중 하나다.

북서 지역 일부에서는 오랫동안 녹차를 마신 전통도 남아 있지만 대부분은 밀크티를 음용한다. 지역별로 다양한 스타일의 밀크티를 다양한 음용법으로 마신다. 두드흐 파티Doodh Patti는 가장 일반적이고 인기 있는 것으로, 우유로만 만들고 매우 달다. 마살라 차이Masala Chai는 카다멈, 시나몬, 정향, 펜넬 등 다양한 향신료를 넣은 것이다. 레몬을 넣어 소화에도 좋다고 알려진 케와Kehwa라는 것도 있다. 가장 특이한 것은 캐시미르 차이Kashmir Chai인데, 파키스탄의 북쪽 지방에서 유래했다. 이는 핑크 캐시미르 차이 혹은 눈 차이Noon Chai라고도 불리는데, 녹차에 피스타치오, 카다멈, 히말라야 바위소금을 넣은 것이다. 붉은 색의 히말라야 바위소금으로 인해 예쁜 분홍빛 수색을 띤다고 한다.(필자가 직접 해보았지만 분홍빛을 띠게 하는 데는 실패했다.)

미국 문화가 들어오면서 커피 음용이 확산되고, 커피가 좀더 세련되고 고급 음료로 여겨지는 분위기가 없지는 않지만, 여전히 차이Chai는 파키스탄의 국민 음료 자리를 지키고 있다.

4. 이란 : 홍차에 대한 안타까운 사랑

국가별 (홍)차 수입량 세계 5~6위 수준 (약 8만 톤, 미국, 러시아, 파키스탄 1~3위, 4위 영국, 이집트와 5~6위를 다툼)

국가별 (홍)차 소비량 세계 8위 수준 (약 11만 톤, 순서대로 중국, 인도, 터키, (미국, 파키스탄, 러시아), 영국)

(홍)차 생산량 약 3만 톤 수준

영화 「300」으로 널리 알려진, 고대 그리스 도시 국가 아테네와 스파르타를 위협한 동양의 왕국이 바로 페르시아다. 부와 영광의 제국으로 알려진 페르시아가 1935년 국명을 이란으로 변경했다.

15세기 말 무렵, 이란의 주 음료는 커피였으나 생산지가 너무 멀어 운반하는 데 비용이 많이 들었다. 비단길 혹은 실크로드로 알려진 동서 교역

...
이란 차의 아버지라 불리는
카세프 알 살타네.

로의 길목에 위치한 덕에 상대적으로 차를 구하기는 쉬웠을 것이다. 19세기 말, 차 음용이 중요해졌으나 영국은 인도 차 산업을 보호하면서 생산을 독점하고 있었다. 이란의 왕족이자 인도 대사를 지낸 외교관 카세프 알 살타네Kashef Al Saltaneh가(모하마드 미르자Mohammad Mirza라는 이름으로도 알려졌다) 차나무 재배법을 공부하고 묘목과 씨앗을 인도 서북부 캉그라 지역에서 밀수해 가져왔다.

역사는 반복되듯이 중국이 차 가공법 유출을 엄격히 통제할 때 영국 스파이 로버트 포천Robert Fortune이 중국에서 차 가공법과 차나무를 훔쳐 온 것과 똑같은 일이다.

이란 북쪽 카스피해 연안인 길란Gilan과 마잔다란Mazandaran 지역에 차나무를 처음 심었다고 한다. 언덕 지형인 데다 비가 많이 오고 습기가 많아 차 재배에 적합한 환경이었기 때문이다. 길란 지역의 라히잔Lahizan은 오늘날 이란 차 생산의 중심지다. 이란 차의 아버지로도 불리는 카세프 알 살타네의 고향이기도 한 라히잔에는 그의 묘가 있고, 차 박물관도 세워져 있다.

2017년에는 3만1000톤 정도의 차를 생산했으며 대부분 정통 홍차이

라허잔에 있는 차 박물관.

지만 섬세하게 채엽을 하지 않아 고품질은 아니다. 생산량이 적진 않으나 국내 소비량이 워낙 많아서 엄청난 양을 수입해야 하는 상황이다. 대부분 인도, 스리랑카, 케냐에서 수입한다.

터키, 파키스탄과 마찬가지로 홍차는 이란의 국민 음료라고 할 만큼 이란인들은 하루 중 언제 어떤 상황에서도 홍차를 마신다. 차를 마시는 것이 하나의 의식Ritual이라고 할 정도다. 차를 마실 때는 이란식 사모바르를 사용하며 강하게 우린 차를 뜨거운 물로 희석해서 마신다. 그리고 정통 홍차를 선호한다. 보통 적갈색Reddish-Brown 수색의 아주 진한 홍차이며 우유는 넣지 않고 설탕만 넣는다.

설탕은 두 종류를 주로 사용하는데, 사각형 각설탕은 치아 사이에 물고 차를 마신다. 다른 하나

길란과 마잔다란 지역.

사각형 설탕과 사프론 락 캔디.

이란 티 하우스 모습.

는 사프론 락 캔디Saffron Rock Candy라고 불리는 일종의 막대 설탕이다. 나무젓가락 한쪽 끝에 투명한 설탕 덩어리가 아무렇게나 뭉쳐져 있는 모양이다. 이것을 진하게 우려낸 차에 녹이면서 마시는데 특히 이란 동부지역 차 문화의 중요한 전통이다.

이란은 남한의 8배 면적에 인구는 8200만 명이다. 유구한 역사를 가진 강대국이지만, 오늘날 상황은 썩 좋지 않다. 핵 개발로 인한 경제 제재로 오랫동안 어려움을 겪어왔다. 근래에는 경제 제재가 완화되면서 경제 상황이 호전되었고, 해외 고급 홍차 브랜드에 대한 수입이 늘어났다고 한다. 더불어 다르질링 홍차의 새로운 고객으로 떠오르고 있다는 소식도 들려온다. 하지만 최근 다시 미국과의 관계가 악화되면서 홍차를 사랑하는 이란인들이 고급 홍차를 즐길 수 있는 기회가 더욱 멀어지고 있는 듯해 안타까운 마음이다.

중동 국가들에서는 오랫동안 커피가 제1음료였으나 19세기 영국 제국주의의 영향으로 차가 널리 확산되었다. 터키, 아랍에미리트^{UAE}, 쿠웨이트, 카타르, 이란, 이집트, 모로코, 모리타니 등 이들 중동 국가는 일인당 차음용량이 세계 최고 수준이다.(모로코와 모리타니는 아프리카 북서부에 위치하지만 종교가 이슬람이라서 그런지 차와 관련된 글에서는 중동으로 포함되는 경우가 많다.) 중동인들이 차를 많이 마시는 것은 술을 금지하는 이슬람교의 영향이 크다. 일인당 차 소비량 상위 30개국 중 15개국이 중동과 아프리카 국가다. 이들 국가에서 차는 일상생활과 사회생활에서 매우 중요한 역할을 한다.

중동인들은 맛의 섬세함을 추구하기보다는 강하게 우려내 바디감 있는 진한 홍차를 선호하며 설탕을 넣어 달게 마신다. 우유와 향신료의 첨가 여부는 나라마다 조금씩 다르다. 상대적으로 빈곤한 국가가 많아서 주로 저렴한 차의 소비처였으나 최근 경제 상황이 호전되면서 고급 차에 대한 수요도 늘고 있다.

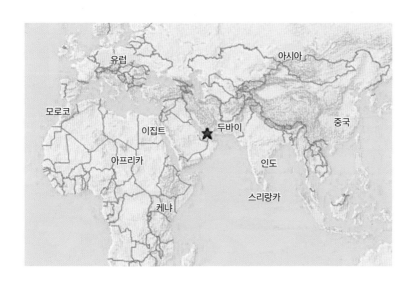

모로칸 민트는
건파우더라는 이름을 가진
조그만 구슬 형태의
중국 녹차와 민트 잎을
블렌딩한 것이다.

모로코 전통의
화려한 찻잔과 다구들.

1) 이집트

중동 국가 중에서 터키, 이란 다음으로 의미 있는 나라가 이집트다.(파키스탄은 중동에 속하지 않는다.) 이집트는 2017년 금액 기준으로 세계 5위 수입국이다.(1위 파키스탄, 2위 러시아, 3위 미국, 4위 영국) 물량은 약 10만 톤 전후로 추정된다. 일인당 음용량 또한 세계 10위권 내에 속한다. 이처럼 이집트에서 홍차는 일상생활에서 매우 중요한 음료다. 음용법은 지역에 따라 민트를 넣느냐의 여부에 따라 크게 두 가지 방법으로 나누어진다. 공통점은 매우 달게 마신다는 것이다.

2) 모로코

모로코는 일인당 음용량이 이집트보다 많다. 특이하게도 모로코는 녹차를 주로 마신다. 1850년대 러시아와 벌인 크림 전쟁의 여파로 러시아에 차를 판매하지 못하게 된 영국이 새로운 시장 개척 정책의 일환으로 모로코에 차를 팔기 시작했다. 모로코 전통차인 민트차와 녹차가 잘 어울려서 모로칸 민트라는 멋진 이름을 가진 차를 탄생시켰다.

3) 두바이

아랍에미리트는 7개 토후국으로 구성된 연방국이다. 아랍에미리트 또한 일인당 차 음용량이 매우 많은 주요 차 음용국이다. 연방국 중 하나인 두바이Dubai는 넘쳐나는 부로 한때 자주 언론에 언급된 도시 국가다. 오늘날 두바이는 차의 새로운 중심지로 떠오르고 있다. 차나무 한 그루 재배되지 않는 나라이지만, 차의 주 생산국인 인도, 스리랑카, 케냐 등지의 아시아, 아프리카 생산국들과 차를 주로 소비하는 중동과 유럽 사이에 위치하여 세계 차 무역로의 길목에 있다는 장점이 있다. 게다가 편리한 항구 시설, 자유 무역 지대, 세금 혜택 등 경쟁력 있는 인프라를 제공함으로써 차

...
두바이에서는
2년에 한 번씩
글로벌 티 행사를 주최해
차 무역의 중심지로
부상코자 노력하고 있다.

가공 수출국이자 차 무역의 국제적 허브 역할을 하고 있다. 현재 두바이
는 전 세계적으로 차를 재수출하는 데 중요한 역할을 차지하며 이 과정에
서 블렌딩, 패키징 등으로 가치를 올리기도 한다. 여러 생산국에서 수입해
온 차를 재가공한 후 수출하는 것이 목표이자 주 업무이며 실제로 미국과
캐나다로 수출되는 차가 두바이에서 블렌딩되는 경우가 많다.

립턴 소유의 차 가공 공장 중 세계에서 가장 큰 것 또한 두바이에 있다.
립턴 티백은 전 세계 100여 개국에서 판매되는데, 같은 티백이라도 지역
별 선호에 맞춰 블렌딩을 다르게 한다. 그렇기에 두바이 같은 전략적 위치
에 있는 공장에서 티백을 생산한 후 수출하는 것이 유리한 것이다.

6. 케냐와 아프리카 국가들 : 우간다, 말라위, 르완다

아프리카 전체를 하나의 국가로 간주한다고 해도 아프리카의 차 생산량
은 중국과 인도에 이어 세 번째에 불과하다. 반면 중국과 인도는 생산량
의 80퍼센트 전후를 국내에서 소비하고, 아프리카 국가들은 케냐(생산량
의 5퍼센트 정도를 국내 소비)를 제외하면 국내 홍차 소비량이 아주 낮은 편
이다. 대부분의 생산된 물량을 수출하는 것이다. 기후 때문에 차를 생산

하지는 못하지만 엄청난 양을 소비하는 국가 중에는 가난한 곳(대개 중동 지역에 위치)이 많다. 또한 부유한 지역이라도 음용 특성상 값싼 차를 요구하는 국가(영국, 미국)들도 있다. 이들을 위한 주 공급처가 아프리카 국가들이다.

유럽의 식민 통치 영향으로 아프리카 국가들은 1920년대부터 차를 재배하기 시작했다. 지난 50여 년 동안 생산 물량이 늘어나 최근에는 연간 70만 톤 수준으로 차를 생산한다. 대부분 CTC 홍차이며 강한 맛을 가지고 있다.

아프리카의 차 생산국은 케냐, 우간다, 말라위, 탄자니아, 르완다, 모잠비크, 브룬디, 에티오피아, 콩고, 중앙아프리카, 카메룬 등 10여 개국이며 대부분 사하라 사막 이남 동아프리카에 위치한다. 그중 생산 물량이나 수출 물량 관점에서 의미 있는 국가인 케냐, 우간다, 말라위, 르완다를 살펴보자.

...
아프리카의
차 생산 국가들.

1) 케냐

케냐는 연간 45만 톤 전후를 생산해 아프리카 전체 생산 물량의 60~70퍼센트를 차지할 뿐만 아니라 홍차 생산량으로는 세계 2위(차 전체로는 3위), (모든 차 기준으로도) 수출량으로는 세계 1위로 전 세계 수출량의 25퍼센트 정도를 담당하고 있다. 2020년까지 50만 톤을 생산할 계획이라고 하니 그야말로 홍차 강국이라 할 수 있다. 케냐 하면 커피를 먼저 떠올리는 분들에게는 다소 의외겠지만, 외환 소득원 기준으로 보아도 홍차가

광활하고 아름다운 케냐의 다원.

수출 품목 1위이며 오히려 커피는 원예 산업, 관광 산업에 이어 4위에 불과하다.

케냐는 영국 식민 통치 기간인 1900년대 초 영국인들에 의해 처음으로 차나무를 재배하기 시작했으며 본격적인 생산은 1920년대부터 이뤄졌다. 1963년 영국으로부터 독립한 후에도 케냐 정부는 가난한 국민들의 생계를 위해 차 산업을 적극적으로 지원했다. 1970년대 중반 영국은 인도에서의 차 산업이 정치적인 문제로 난항을 겪자 케냐를 새로운 공급처로 삼아 자본을 본격적으로 투입했다.(이와 관련해서 '4장 다원의 형성과 위기: 다르질링 지역 중심으로'의 '영국인들이 떠난 자리'를 참조) 그리고 차 가공 경험 및 신기술을 도입하면서 케냐의 차 산업은 급성장하기 시작했다.

케냐 홍차는 거의 대부분이 강도Strength가 있고 바디감이 있는 CTC 형태로 생산되어 대부분 벌크 형태로 전 세계 홍차 음용국으로 수출된다. 따라서 영국, 아일랜드를 포함한 유럽이나 미국 등에서 생산 및 판매되는

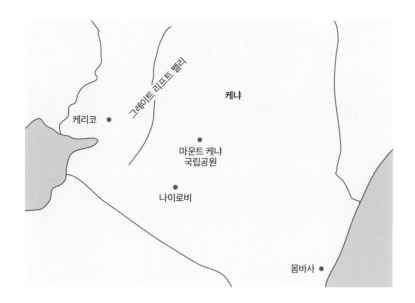

티백 제품에는 케냐에서 생산된 홍차가 들어 있을 가능성이 매우 높다. 지금 유럽에서 수입한 티백으로 우려낸 홍차를 마시고 있다면 아마도 그 속에는 케냐에서 생산된 CTC가 들어 있을지도 모른다. 우리는 자신도 모르는 사이에 아프리카인들이 아프리카의 공기와 물로 재배하고 생산한 케냐산 찻잎이 들어 있는 홍차를 마시고 있는 것이다.

이렇게 주로 티백용으로만 사용되다보니 케냐 홍차의 인지도는 낮고 가격 또한 높게 받을 수가 없다. 이런 문제를 타파하기 위해 최근에는 정통 홍차 생산량을 늘리고, 비교적 높은 가격을 받을 수 있는 백차나 녹차와 같은 고급 차 생산에도 전력을 다하고 있다. 그중에서도 퍼플 티Purple Tea라고 불리는 자색 찻잎으로 만드는 기능성 차의 개발 및 마케팅에는 다른 어떤 나라보다도 적극적이다.

케냐 내륙 깊숙한 곳에 백색 고원 지대White Highlands라고 불

...
케리코 지역에서
생산된 홍차.

리는 농업 지역이 있다. 차 생산지는 이 고원 지대를 남북으로 가로지르는 그레이트 리프트 밸리Great Rift Valley라 불리는 대협곡의 양쪽에 위치하며 고도가 1500~1700미터에 이른다. 대부분의 다원이 이 지역에 집중되어 있다. 열대 기후와 화산 지대 토양이 차 재배에 적합한 것이다. 대협곡 서쪽에 위치한 케리코Kericho가 가장 핵심 지역으로 제임스 핀레이James Finlays, 유니레버Unilever 같은 다국적 대기업이 소유한 대규모 다원들이 모여 있다.

케냐 홍차를 생산하는 데 이런 다국적 기업의 대규모 차 회사들과 개인 소유의 대규모 다원들이 약 40퍼센트를 담당한다. 나머지 60퍼센트 정도는 스몰 티 그로어Small Tea Grower라고 불리는 개별 농가들이 생산한다. 1964년에는 개별 농가를 대표하는 케냐 차 개발 협회Kenya Tea Development Authority라는 단체가 설립되었다. 스몰 티 그로어를 대표하는 단체로는 세계에서 가장 큰 규모다.(스몰 티 그로어STG는 매우 중요하기 때문에 '5장 다원 홍차의 대안'에서 자세히 다룬다.)

케냐 동부 해안의 주요 항구 도시인 몸바사Mombasa에는 1956년에 세워진 옥션 센터(경매를 통해 차가 거래 되는 곳)가 있어서 케냐에서 생산되는 홍차 대부분이 거래된다. 2014년에 마침내 거래 물량 규모로 오랫동안 세계 1위 자리를 차지했던 스리랑카 콜롬보 옥션 센터를 누르고 몸바사 옥션이 세계 1위로 등극했다.(자세한 내용은 '10장 경매Auction' 중 '몸바사 옥션과 콜롬보 옥션' 참조)

케냐의 차 생산지는 고원 지대에 위치해 있지만 대평원이라서 기계화에 매우 유리하다. 실제로 다국적 기업들은 상승하는 인건비로 부담을 느끼기에 기계화에 매우 관심이 많다. 하지만 기계화로 인해 실업이 발생하는 것은 정치적인 문제를 일으킬 만한 위험 요소다. 현재도 이로 인해 빈번히 파업이 발생하고 있다. 불규칙한 날씨로 생산량 변동이 심한 것도 케냐가 당면한 문제 중 하나다.

주로 CTC 홍차를 생산하기에 CTC 홍차 생산 수준은 상당히 높고, 단위 면적당 생산량도 많은 편이다. 그리고 연중 내내 생산한다. 하지만 앞에서 언급한 대로 판매 단가를 올리는 것이 가장 큰 과제로 꾸준히 정통 홍차 생산량을 늘리고 있다. 밀리마Milima, 칸가이타Kangaita, 마리닌Marinyn 등이 비교적 널리 알려진 정통 홍차를 생산하는 다원이다.

2) 우간다

우간다는 2012년 3만 톤에서 2017년 6만 톤으로 생산량이 급속하게 증대해서 현재 아프리카에서 두 번째로 많은 양을 생산한다. 정부가 적극적으로 지원하고 있기 때문이다. 생산량은 10만 톤을 목표로 지속적으로 늘어나고 있다. 그중 90퍼센트 이상을 수출한다.

3) 말라위

　말라위는 1878년 아프리카에서 처음으로 차 재배를 시도한 나라다. 당시에는 성공하지 못했고, 1920년대 아삼 종을 도입함으로써 본격적으로 재배하기 시작했다. 생산량은 5만 톤 수준으로 오랫동안 아프리카에서 두 번째로 큰 생산국이었지만 최근 우간다에 의해 그 자리에서 밀려났다. 케냐 몸바사 옥션에 이어 아프리카에서 두 번째로 티 옥션 센터를 가지고 있는 나라이기도 하다.

4) 르완다

　차 생산량은 2만5000톤 수준에 불과하지만 토양과 기후가 차 생산에 적합해서 르완다에서 생산된 차는 아프리카에서 생산된 차 가운데 품질이 가장 좋고, 가격 또한 비싼 편이다. 과거 영국에서는 르완다 홍차에 대한 수요가 많았던 적도 있다고 한다. 그래서인지 몇 년 전부터 포트넘앤메이슨에서 '르완다 오렌지 페코Rwanda Orange Pekoe'라는 제품을 틴 케이스에 넣어 판매하고 있다. 아프리카에서 생산되는 홍차로는 매우 특이한 경우다.

인도네시아 차 현황을 파악하기 위해서는 인도네시아를 배경으로 해서 일어난 역사를 이해할 필요가 있다. 인도네시아 차 역사의 중심에는 네덜란드가 자리한다. 영국의 거대한 존재감에 가려져 제대로 알려지지는 않았지만, 홍차 역사에서 영국 못지않게 큰 역할을 한 나라가 네덜란드다. 네덜란드는 1610년에 유럽으로 차를 처음 가져갔으며 영국에도 차를 전해주

7. 인도네시아 : 네덜란드 홍차의 꿈

...
네덜란드가 지배하던
당시의 바타비야 전경.

었다고 추정된다.

인도네시아 바타비야Batavia(지금의 자카르타)에 무역 기지를 두고 중국과 차 무역을 처음 한 나라 역시 네덜란드다. 영국 이전에 미국을 지배한 나라이자 미국에 차 음용 방법을 전해준 나라도 네덜란드다. 스리랑카도 마찬가지로 영국의 지배를 받기 전에 네덜란드에 속했다.

네덜란드는 17세기 초부터 인도네시아를 지배하고 식민지화하여 약 350년간 지배하다가 1956년에 완전히 물러났다. 인도네시아는 네덜란드령 동인도라고 불렸고, 향신료 섬이라고 알려진 말루쿠Maluku 제도에서 생산되는 향신료 무역을 위해 유럽의 각 국가는 동인도 회사를 설립했다.

바타비야에서 중국과의 무역을 통해 차를 구입하던 네덜란드가 자신들이 지배하던 인도네시아 자와섬에서 차나무 재배를 시도한 때가 1684년이다. 영국이 아삼에서 본격적으로 차나무 재배를 시도했을 때가 1840년대인 것을 고려하면 거의 150년이나 앞선 시도였다. 하지만 중국 종 차나무가 인도네시아의 토양과 기후에 맞지 않아 결국 실패하게 된다. 이는 영국이 아삼에서 차나무 재배를 시도할 때 초기의 실패 원인 중 하나가 중국 종 차나무였음을 생각하면 당연한 결과라 할 수 있다.

···
잊힌 네덜란드 차 개척자
야코뷔스 야콥슨.

영국이 아삼에서 아삼 종 차나무로 성공하는 것에 자극받은 네덜란드는 아삼 종 차나무로 재시도하여 마침내 성공한다. 네덜란드인 야코뷔스 야콥슨Jacobus Jacobson은 1827년부터 중국을 여섯 차례나 방문하여 비밀리에 차나무 씨앗을 가져왔다. 중국 차 전문가들도 함께 데려와서 차 가공법의 비밀을 알아내기도 했다. 차 스파이로 유명한 로버트 포천이 영국 동인도 회사를 위해 같은 목적으로 중국을 방문한 것이 1848년이므로 네덜란드가 거의 20년 앞선다. 당시 네덜란드의 차 재배 열망을 보여주는 이야기다.

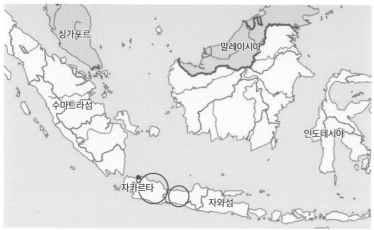

싱가포르

말레이시아

수마트라섬

인도네시아

자카르타

자와섬

　인도네시아 차의 주 생산지는 길게 뻗은 자와섬 서쪽 산악 지역의 고원 지대다. 자와섬에서 차나무 재배에 성공한 이후 수마트라, 술라웨시섬으로 다원을 확대하면서 생산량을 늘린 결과 제2차 세계대전 이전에는 세계 4위 생산국이 되기도 했으며 품질 또한 인도와 스리랑카 홍차와 동급으로 유럽에서 호평받기도 했다. 하지만 제2차 세계대전 동안 다원을 비롯한 모든 인프라가 파괴되어 인도네시아 차 산업은 몰락하게 되었다. 전쟁 후에도 네덜란드와의 정치적인 갈등으로 회복은 지연되었다.

1980년대부터 복구를 시작해 현재 생산량은 약 15만 톤으로 세계 7~8위 수준을 회복했다. 대부분 홍차이며 주로 CTC 타입이다. 생산된 차의 절반 정도를 수출하고, 주로 블렌딩 제품에 사용한다. 최근 들어 녹차 생산 비중이 증가하고 있다. 지난 10여 년간 대부분 홍차 생산국의 생산량이 급격히 증가한 데 반해 인도네시아 생산량은 정체되어 있다. 좀더 돈이 되는 커피 등의 작물로 전환한 다원이 많기도 하고, 자본이 부족한 탓에 차나무 품종 개량 등이 제대로 되지 못하고 있기 때문이다. 이런 이유에서인지 인도네시아 단일 다원의 차는 구하기가 쉽지 않다. 소량 생산되는 정통 홍차도 주로 BOP 등급이 많다. 그나마 널리 알려진 것이 자와섬의 탈룽Taloon 다원, 수마트라섬의 바부통Bah Butong 다원 정도다.

8. 러시아 : 러시안 카라반의 낭만

국가별 (홍)차 수입량 세계 1~3위 수준 (약 18만 톤, 미국, 파키스탄과 1~3위 순위가 자주 뒤바뀜, 4위는 영국)

국가별 (홍)차 소비량 세계 4~6위 수준 (미국, 파키스탄과 자주 뒤바뀜. 1위 중국, 2위 인도, 3위 터키)

통계에서 알 수 있듯이 우리에게 잘 알려져 있지 않은 또 다른 홍차 강국은 러시아다. 1640년대 몽골 제국을 방문한 러시아 사신에게 몽골 칸이 러시아 황제에게 선물로 전해준 것이 러시아 차 역사의 시작이라고 알려져 있다. 차를 처음 본 사신은 비쩍 마른 찻잎의 용도를 몰라서 선물이 필요 없다고 거절했다는 에피소드도 있다.

1689년 러시아와 청나라 사이에 맺어진 네르친스크 조약은 그동안 갈등의 원천이었던 두 나라의 국경선을 확정했다는 의미에서 중요성을 지닌

카라반의 실제 모습과
사용한 차 박스.

미전차로 알려진 긴압차.

황제 니콜라이 2세를 위해
만든 긴압차.

다양한 브랜드의
러시안 카라반.

다. 이후 두 나라는 정기적으로 무역을 개시했고, 차는 매우 중요한 무역품이 되었다.

제국주의 시절에 러시아는 여러 면에서 영국과 경쟁했고, 차에 관해서도 마찬가지였다. 중국에서 출발해 적도를 지나 더위와 바다의 습도를 통과해 운송되는 영국 차보다 시베리아 육로를 거쳐 오는 러시아 차의 품질이 더 좋다는 자부심을 갖기도 했다. 베이징에서 모스크바에 이르는 약 7000킬로미터 거리를 육로를 통해 차를 운반한 이들은 낙타 대상(카라반)이다. 여기에서 낭만적인 이름의 러시안 카라반Russian Caravan 홍차가 유래했다. 이 카라반 운송은 1916년 시베리아 횡단 철도가 완공된 후 서서히 사라져갔다.

아편 전쟁 이후 청나라가 혼란을 겪던 1866년 무렵에, 차 수요량이 늘어난 러시아는 자신들의 자본으로 후베이성 우한에 공장을 설립해 차를 대량으로 가져갔다. 이때 가져간 것이 미전차로 알려진 후베이성의 대표적인 긴압차다. 주위의 후난성, 장시성, 안후이성 등지에서 생산된 질 낮은 홍차를 책과 같은 형태로 긴압한 것이다. 이런 형태가 장거리 운송에 유리하기 때문이다.

조 지 아 의 차 역 사

러시아의 영향권 아래 있던 그루지아(국명을 조지아Georgia로 변경했으므로 조지아라고 지칭한다)의 차 역사 또한 흥미롭다. 1830년 중국을 여행하던 조지아 왕자 미하 에리스타비Miha Eristavi가 차의 맛과 향에 감동받아 귀국하면서 차 씨앗을 몰래 가져왔다고 한다. 그리고 흑해 연안의 차크비Chakvi 지역에 첫 번째 다원을 만든다. 차크비를 포함하여 온난한 기후인 조지아 서남쪽 구리아Guria, 아자르Adjara 등이 그 이후 주요 생산지가 되었다. 조지아의 차 생산지가 터키 국경과 인접해 있어서 1920년대에는 터

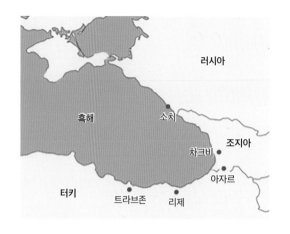

키인들이 이 지역에서 차나무를 가져가기도 했다.

　초기 러시아는 조지아에서 차를 재배하는 것에 관심을 두지 않았다. 하지만 영국이 인도와 실론에서 차를 생산하기 시작하자, 러시아 황제는 자신의 영향권 내에서 차를 생산하기를 원했다. 그에 따라 1890년대부터 조지아에 러시아 자본이 투자되기 시작했고 중국 차 전문가들을 초빙하기도 하면서 본격적으로 차를 생산하기 시작했다. 1920년대에는 소련의 주요 차 공급원이 되었다. 냉전 시대 계획 경제의 특성상 질보다는 양을 우선시하게 되면서 1985년에는 15만2000톤이라는 엄청난 양을 생산했지만 차의 품질은 아주 나빴다.

　1947년 인도가 독립하고 난 후 러시아가 다르질링 지역에 홍차를 구입하러 왔을 때 '사람이 먹을 수 있는 것'이면 된다고 했다는 기록이 남아 있는 것으로 보아, 좋은 품질보다는 낮은 가격일지라도 대량의 홍차를 요구한 듯하다. 사실 과거에 홍차를 음용하는 나라에서 소비되는 홍차 품질은 오늘날의 기준으로 보면 매우 나쁘다고 할 수 있다.

　터키에서도 그렇지만, 홍차를 많이 마시는 국가에서는 보통 설탕을 넣는다. 영국은 여기에 더해 우유도 넣고, 인도 등의 나라에서는 향신료까지 넣는 것으로 보아 오늘날 우리가 즐기는 섬세한 홍차의 맛과 향이 그 당시에는 그렇게 중요하지 않았을 수도 있다.

　엄청나게 많은 양의 홍차를 생산하던 조지아는 소비에트 연

···
"천연 그루지아 홍차"라는
문구가 새겨진
소비에트 연방 시절
그루지아의 홍차 광고 포스터.

러시아 분위기가
물씬 풍기는 그림.
테이블 위에는
사모바르가 있고,
그 위에는 러시아의
유명한 로모노소프 티팟이
놓여져 있다.

사모바르.

전기로 작동되는
현대식 사모바르.

방이 해체된 후 독립하면서 러시아 시장도 상실하고, 내전과 경제적인 혼란을 겪으면서 차 산업은 거의 붕괴되었다. 2010년 무렵부터 재개하려는 움직임이 있으나 아직 수천 톤의 차를 생산하는 수준에 머무르고 있다. 생산된 차는 대부분 수출한다. 2017년에는 차나무 재배 170주년 행사도 개최하면서 차 산업을 부흥시키고자 노력하고 있다.

긴 역사를 가진 러시아 차 음용 전통으로 알 수 있듯이 오늘날 차는 러시아의 국민 음료라고 할 수 있다. 앞부분의 통계가 보여주듯 러시아는 차 수입량, 음용량이 엄청나다. 러시아인의 94퍼센트가 거의 매일 차를 마신다고 할 정도로 많이 마시며 대부분 홍차를 즐긴다. 우유는 넣지 않지만 설탕과 잼, 레몬 등을 넣어 아주 달게 마신다.

사모바르

러시아 차 문화의 상징적인 존재가 바로 사모바르Samovar다. 아래 부분에는 물이 들어 있고 항상 뜨겁게 유지된다. 이것 위에 강하게 우린 차를 담아놓은 작은 주전자가 놓인다. 아래쪽 뜨거운 물의 열기로 차는 항상 데워지게 되고, 마실 때는 진하게 우린 차를 잔에 붓고 아래쪽 뜨거운 물로 농도를 조절한다. 과거에는 숯, 장작, 석탄 등으로 물을 끓였다. 최근에는 전기로 물을 데우는 세련된 디자인의 현대식 사모바르도 쉽게 구할 수 있다. 추운 러시아에서는 사모바르가 일종의 난로 역할을 하기도 했다고 한다. 1770년대 처음 등장한 사모바르는 모든 계층 러시아인의 삶과 밀접한 연관을 맺으면서 문학작품이나 그림에 빈번히 등장한다. 또한 사모바르는 터키, 파키스탄, 이란 등 주변 국가에 전파되기도 했다.

국가별 (홍)차 생산량 10위 수준, 약 7만 톤 (1위 중국, 2위 인도, 3위 케냐, 4위 스리랑카, 5~6위 터키/베트남, 7위 인도네시아, 8~9위 일본/아르헨티나)

중국 윈난성 시솽반나Xishuangbanna 지역이 차나무 발생지라고 알려져 있다. 시솽반나 지역은 보이차 생산지로 유명하며 윈난성 남쪽 끝에 위치하여 미얀마, 라오스, 베트남, 타이 등과 국경을 맞대거나 인접한 지역이다. 옛날에는 국경선이 없었고, 차나무가 국경선을 따라 자라는 것도 아니다. 차 연구자들은 차나무가 처음 등장한 곳을 미얀마, 라오스, 타이, 베트남의 북부 지역과 멀리 아삼에서 중국 윈난에 이르는 넓은 밀림지역이라고 이야기한다.

차와 차 문화를 발전시킨 나라가 중국임을 부정할 수는 없지만, 그렇다고 해서 군이 차나무 발생지까지 중국으로 한정시켜야 하는 것은 아니다.

미얀마, 타이 등의 북부 밀림 지역에는 라펫Laphet 혹은 미엔Mian이라고 불리는 차로 만든 음식이 있다. 이는 일종의 찻잎 샐러드로, 생 찻잎을 5분 정도 증기에 찐 후 으깨고 뭉쳐서 대나무 바구니에 넣은 다음 구덩이 속에 일정 시간 두어서 만드는 것이다. 특별할 때 먹는 귀한 음식이라고 한다. 이렇게 대나무를 이용하여 차를 만드는 것은 라오스, 아삼, 윈난성에서도 볼 수 있고, 오래전부터 이들 지역에서는 야생 차나무를 이용하여 차를 식용 혹은 음용했다.

타이 북부에 위치한 밀림 산악 지대인 치앙라이Chiang Rai에도 수백 년 된 야생 차나무가 많은 것으로 짐작건대 오래전부터 차를 음용 혹은 식용했음을 알 수 있다. 이런 전통과 별개로 타이의 현대 차 역사에는 흥미로운 부분이 있다.

...
시솽반나 지역.

...
미얀마 스타일의 찻잎 샐러드.

타이 우롱차의 역사

마리아주 프레르 홈페이지에서 Thailand(타이)
로 검색하면 여덟 종의 차가 나오는데, 그중 일곱
종이 Blue Tea(청차) 즉 우롱차다. TWG에는 로열
타이 우롱Royal Thai Oolong, 로네펠트에는 메 살롱
Mae Salong(Thailand Green Oolong)이 있고, 리쉬티에도 루
비 우롱Ruby Oolong(Origin: Do Mae Salong, Thailand)이라는
제품이 있다. 도 메 살롱Do Mae Salong은 타이 북부
치앙라이 지역에 위치한 차 산지 이름이다.

대외적으로 널리 알려지고 판매되는 타이 차가
왜 우롱차일까? 1940년대 중국 내전 당시 마오쩌둥의 공산당에 의해 윈
난성까지 쫓겨간 국민당 군대 일부가 중국이 공산화되자 미얀마로 탈출했
다. 1960년대 정치적인 혼란으로 더 이상 미얀마에 머물 수 없게 되자 이
들은 이웃 나라 타이의 치앙라이로 또다시 피신했다. 이곳은 세계적인 마
약 생산지로 유명한 골든 트라이앵글Golden Triangle 지역에 속한다. 1970년
대 타이 정부는 이곳에서 일어나는 범죄활동을 중단시킬 목적으로 골든

. . .
TWG, 로네펠트
타이 우롱차.

. . .
마리아주 프레르에서
판매하는 타이 우롱차.

도 메 살롱
치앙라이
라오스
치앙마이
타이
캄보디아

트라이앵글 개발 정책을 실시하면서 피신온 중국인들에게 차 생산을 권장했다. 이런 배경에서 같은 국민당 뿌리를 가진 타이완이 1980년대부터 자본과 기술을 투자해 이 지역의 차는 타이완 스타일처럼 산화가 약하게 되고 주형인 우롱차로 유명해지게 되었다. 당시 피신한 중국인들이 가장 먼저 정착한 곳이 바로 도 메 살롱이고, 이 지역은 오늘날 가장 유명한 차 산지다. 이곳에서 생산되는 우롱차는 타이완으로도 많이 수출된다.

타이에서는 7만 톤 전후로 많은 양의 차를 생산하지만, 대부분 국내에서 소비한다. 일인당 음용량도 상당히 많은 편이다. 우롱차뿐만 아니라 녹차, 홍차, 보이차 등 다양한 차를 마신다. 차는 대부분 치앙라이 근처 1200~1400미터에 이르는 북쪽 고지대에서 생산되며, 이곳은 밤낮의 기온차가 심한 지역이다. 요즘 우리나라에서 인기 있는 관광지인 치앙마이 Chiang Mai는 치앙라이의 서남쪽에 위치하며 멀지 않다.

10. 베트남 : 연꽃 차의 아스라한 향

국가별 (홍)차 생산량 5위~6위 (터키와 경쟁)
국가별 (홍)차 수출량 5위 수준

2015년 전 세계 차 생산량은 약 530만 톤이며 그중 다른 나라로 수출하는 차는 약 180만 톤이다. 수출량이 많은 국가 순서로는 전체 수출량에서 차지하는 비중을 기준으로 케냐(25퍼센트), 중국(18퍼센트), 스리랑카(17퍼센트), 인도(13퍼센트), 베트남(7퍼센트) 순이다. 상위 5개국 수출량이

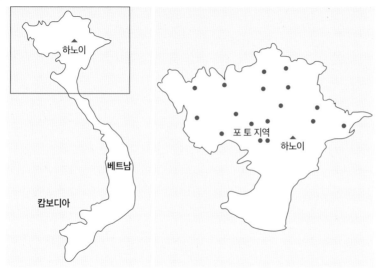

전체의 80퍼센트 가량을 차지한다. 수출된 차는 대부분 홍차이며 녹차는
20퍼센트 정도 되며 대부분 중국이 수출한다.

베트남에서 차를 음용한 역사는 오래되었지만, 본격적으로 차 재배를
시작한 것은 프랑스에 의해 식민 지배를 받던 1880년대부터였다. 1860년
을 전후로 영국은 아삼에서, 네덜란드는 인도네시아에서 차를 재배하기

시작한다. 1950년 전후로는 소련에서 차 가공 기술을 지원받기도 하고, 생산된 차의 일부는 소련으로 수출했다. 하지만 오랜 전쟁과 정치적 혼란을 겪으면서 차 산업이 성장하지 못했다. 개방 정책을 실시한 1980년대부터 일본은 센차 스타일의 녹차를 위해, 타이완은 우롱차 생산을 위해 베트남에 자본을 투자하기 시작했다. 인도는 홍차 가공 기술을 제공했다. 프랑스 역시 2005년부터 과거 자신들이 처음으로 다원을 개발했던 포 토 Pho Tho 지역에 재투자를 시작했다. 그 결과 2007년에는 16만 7000톤을 생산하고 13만 톤을 수출했으며 국내에서 3만 톤가량을 소비하는 등 차 생산과 수출 면에서 강국으로 발돋움했다. 최근에는 21만 톤을 생산하고, 15만 톤을 수출해서 생산량으로는 세계 5위, 수출량도 세계 5위 수준이다.

2017년을 기준으로 베트남에서 홍차는 생산량의 65퍼센트, 수출량의 78퍼센트를 차지한다. 아직은 정통 홍차 비중이 높지만 CTC 생산량이 증가하는 추세다. 점차 수출 비중을 늘려가면서 2020년에는 25만 톤을 생산하고 18만 톤을 수출하는 것을 목표로 하고 있다. 하지만 차의 품질이 낮고 자본이 부족한 탓에 대부분 벌크 단위로 수출하다보니 수출 가격이 세계 평균가의 60~70퍼센트에 불과한 것이 문제다. 이를 해결하기 위해 홍차, 녹차 등에 적합한 새로운 품종으로 교체하거나 가공 방법을 개선하는 등 전반적인 품질 향상을 위해 노력하고 있다.

생산량의 30퍼센트 정도인 녹차는 주로 국내에서 소비된다. 베트남은 오랜 역사를 가진 차 음용 국가이며, 지금도 일상생활 곳곳에서 아주 빈번히 차를 마신다. 이에 따라 다양한 차 문화가 발달했다. 주로 녹차를 마시며 녹차를 베이스로 해서 다양한 꽃으로 향을 입힌 가향차도 즐긴다. 연꽃으로 향을 입힌 것이 가장 대표적이다. 차 재배 지역은 주로 북부 산악 지역이며 이곳은 기후와 토양이 차 재배에 적합하다.

베트남 전체 생산량의 5퍼센트 정도로 소량 생산되지만, 스페셜티 티라고 할 만한 고급 차가 있다. 대표적인 것이 연꽃 차Lotus Tea다. 녹차에 연꽃 향을 가향한 것이다. 피기 직전의 연꽃 봉오리를 잘라 꽃잎은 제거하고 속에 있는 노란 꽃술을 분리한다. 고급 녹차와 이 꽃술을 섞은 뒤 밀폐시켜 보관하여 차에 향이 스며들게 하는 방법이다. 좀더 고급스럽게 할 경우 이 과정을 7~8회 정도 되풀이한다. 향을 입히는 여러 방법 가운데 이것이 정통이라고 한다. 보통 1킬로그램의 연꽃 차에 1500송이의 연꽃이 필요하다고 하니, 그 수고가 상상을 초월한다. 중국 푸젠성에서 생산하는 정통 재스민 차와 가공 방법이 유사하다.

연꽃 차를 만드는 과정.

또 하나는 눈 차 혹은 눈꽃 차라고 불리는 샨 뚜엣Shan Tuyet 차다. Shan은 산山, Tuyet은 눈雪을 뜻한다고 한다. 샨 뚜엣 차는 중국 윈난성에 인접한 베트남 북부 산악 고지대에서 야생으로 자라는 차나무 잎으로 만든 것이다. 넓은 지역에 수백 년 된 차나무 수천 그루가 흩어져 자라는데, 찻잎에 흰색과 회색 무늬가 있는 것이 눈꽃과 닮아 붙여진 이름이다. 이들 차나무는 하나하나의 폭이 수 미터에 이르러서 여러 사람이 동시에 올라갈 수 있을 만큼 크다. 카멜리아 시넨시스 샨Camellia sinensis var. shan 종이라고 한다. 보이 생차의 맛과 향을 가진 녹차라고 보면 된다.

11. 아르헨티나 : 찻잎을 기계로 채엽하다

국가별 (홍)차 생산량 8~9위 수준. 약 8만 톤 (일본과 8~9위를 다툼)

1위 중국, 2위 인도, 3위 케냐, 4위 스리랑카, 5~6위 터키/베트남, 7위 인도네시아, 10위 타이

찻잎은 보통 손으로 채엽한다. 그래야만 섬세한 채엽이 가능하다. 하지만 인건비가 높아지면서 생산국에 따라 일부는 기계 채엽으로 전환되는 경향이 있다. 인도나 스리랑카에서는 아직 손 채엽을 위주로 하고, 케냐에서는 최근 인건비 인상으로 인해 기계 채엽이 점차 늘고 있다. 기계 채엽의 경우 차나무 재배 형태도 중요한데, 케냐 다원은 주로 평지에 위치해 있어서 기계 채엽이 용이한 편이기 때문이다. 하지만 티 플러커Tea Plucker 노동자 단체들은 기계 채엽이 자신들의 일자리를 위협한다는 이유로 적극 반대하고 있어서 심각한 갈등 요인이 되기도 한다.

주요 차 생산국 중 기계 채엽 비중이 높은 나라는 일본과 아르헨티나

···
다소 충격적인 모습의 기계 채엽.

다. 일본은 높은 인건비로 인해 기계 채엽을 가장 먼저 도입했고, 현재 그 수준도 가장 높다. 롤 케익처럼 둥글고 아주 질서 정연하게 가꾼 차나무들은 보기에 좋으려고 그렇게 한 것이 아니라 기계 채엽의 효율성을 높이기 위한 것이다. 반원으로 둥글게 한 것도 새 찻잎이 올라오는 채엽 면적을 넓히기 위해서다. 센서와 컴퓨터가 장착된 정밀한 채엽 기계들이 여러 종류가 있다.

한편 아르헨티나는 1960년대부터 전면적으로 기계 채엽으로 전환했다. 일본과 비교하면 정밀성이 떨어질 수밖에 없다. 아르헨티나는 낮은 품질의 CTC를 생산한다. 강도Strength가 있는 편이라서 블렌딩 홍차의 베이스, 인스턴트 홍차 원료, 아이스티용으로 사용된다.

···
아르헨티나의
차 생산지.

특히 차 소비 형태가 아이스티 위주인 미국에 적합해서 2016년에는 아르헨티나가 생산한 CTC 7만8000톤 중 약 70퍼센트인 5만4000톤이 미국으로 수출되었다. 즉 미국이 가장 큰 시장인 셈이다. 미국에서 수입하는 홍차의 가장 많은 양이 아르헨티나산인 것이다. 아이스티 대부분은 설탕을 넣어 RTD 형태로 마시므로 차의 품질이 그렇게 중요하지 않기 때문이다.

아르헨티나는 1920년대 러시아에서 차나무를 수입해 차 재배를 시작했다. 품질도 낮고 가격 경쟁력도 없어 지지부진하다가 기계화로 전환하면서 품질은 포기하고 생산량을 늘여 가격 경쟁력을 갖추게 되었다.

북동 고지대 미시오네스Misiones, 코레엔테스Corrientes 지역이 주 생산지다. 아르헨티나는 남반구에 위치해 있으므로 남쪽이 남극에 가까워 춥고 북쪽으로 가면서 따뜻하다. 따라서 차 생산 시기도 북반구에 있는 대부

...
마테 잎.

분의 국가들과는 달리 11월경에 시작해서 5월경까지다.

차 생산량과 수출량이 많기는 하지만, 정작 아르헨티나 국민 음료는 마테라고 불리는 허브 티젠이다. 마테는 홀리 트리 Holly Tree라는 나무의 잎으로 만든 티젠으로(차는 차나무의 싹이나 잎으로만 만든 것이기에 찻잎이 들어가지 않는 소위 허브차는 티젠 혹은 인퓨전이라고 부르는 것이 정확하다) 차나무와 형태가 비슷하고, 가공법 역시 일종의 살청과정이 있어서 녹차와 비슷하다. 재배 지역 또한 차나무와 동일하다. 마테는 카페인 효능이 있지만 부작용은 없다고 알려져서 건강 음료로 자리매김했고, 그 밖에도 각성 및 집중력 향상에 도움이 된다고 한다. 아르헨티나뿐만 아니라 우루과이, 브라질, 파라과이 등 남미 국가에서는 수백 년 동안 음용되어오고 있다. 우리나라에서도 몇 년 전 마테차가 유행한 적이 있다.

... 고드Gourd, 칼라바시Calabash라고 불리는 원통에
마테 잎과 뜨거운 물을 부어 우리면서 봄빌라Bombilla라고
불리는 금속 스트로를 통해 마신다.
스트로 아래는 잎이 올라오지 않게 그물망으로 되어 있다.

여기에 소개하는 홍차 브랜드(회사)들은 생긴 지 10년 전후의 새내기라고 할 수 있다. 전 세계적 홍차 르네상스의 흐름을 타고 등장했다. 그중에는 이미 한국에 정식 수입되는 것도 있고, 수입되기를 기대하는 것도 있다. 오랜 전통을 가진 유명한 브랜드들은 이미 전작 『홍차 수업』 『철학이 있는 홍차 구매 가이드』에서 소개했으므로 다루지 않겠다.

1. 스티븐 스미스 티메이커 : 고급 티백의 선두주자

2015년 3월 25일 『뉴욕타임스』 기사에는 "보스턴 티 파티 이후 누구보다 미국인들의 차 음용 관습을 바꾸는 데 큰 공헌을 한 미국 차茶계의 마르코 폴로, 스티븐 스미스 타계하다"라는 기사가 실렸다. 미국 최고의 차 전문가이자 필자가 번역한 『홍차 애호가의 보물상자』의 저자인 제임스 노우드 프랫은 스티븐 스미스를 두고 "내가 아는 가장 탁월한 티 블랜더로서 오늘날 미국의 차 르네상스를 일으키는 데 큰 공헌을 한 사람 중 한 명이다"라고 평가했다.

스티븐 스미스Steven Dean Smith(1949~2015)의 차와 관련된 이력은 정말 대단하다. 1972년 20대 중반에 스태시Stash라는 차 회사를 설립하고

1993년에 일본의 유력한 차 회사에 매각했다. 스태시는 현재도 미국의 최고 고급 차 및 허브 차 회사 중 하나다. 이뿐만 아니라 1994년 타조^{Tazo}를 설립하고 1999년에는 스타벅스에 매각하면서 2006년까지 스타벅스에서 근무하기도 했다. 스타벅스가 2012년 티바나를 인수하기 전까지 주력 티 제품이 타조 브랜드였다. 그가 2010년 미국 오레건주 포틀랜드에서 자신의 이름을 딴 회사를 설립한 것이 스티븐 스미스 티메이커^{Steven Smith Teamaker}다.

미국의 차 시장이 커지긴 했지만 85퍼센트가 아이스티로 음용되고 있기에 결코 고급 차 시장이라고는 할 수 없다. 아이스티 혹은 티백만 알고 있는 미국 차 음용자들에게 1980년대 중후반부터 고급 잎차를 소개하기 시작한 사람들이 스티븐 스미스, 차 회사 하니앤손스^{Harney&Sons}의 설립자 존 하니^{John Harney}, 차 관련 책 저술가인 제임스 노우드 프랫 등이다. 『뉴욕타임스』가 "미국인들의 차 음용 관습을 바꾸는 데 큰 공헌을 했다"는 표현을 한 것은 이런 노력을 두고 하는 말인 듯하다. 이들의 노력이 빛을 발한 것인지 오늘날 미국 차 시장은 제임스 노우드 프랫이 "미국의 차 르네상스"라고 표현할 정도로 세계의 여느 차 시장보다 역동적이다.

스티븐 스미스 티메이커 홍차의 특징 중 하나는 홀 립^{Whole Leaf} 크기에 가까운 잎차를 고급 티백^{Sachets}에 넣은 것을 주력 제품으로 내세웠다는 것이다. 잎차의 불편함 중 하나인 우리는 과정의 번거로움을 해소하는 마케팅 전략인 듯하다. 또 하나는 각 제품에 고유 번호를 붙이고 차에 대한 출처 등을 자세히 설명하고 있다는 점이다.

이는 1장의 '홍차 강국들' 미국 편에서 티바나 매장 사업 실패의 한 원인으로 지적된 차에 대한 정보 제공 부족과는 정반대의 전략이다. 스티븐

...
스티븐 스미스 티의
프리미엄 티백 제품들.

스미스는 고급 차를 구입하고자 하는 소비자들이 기대하는 바를 정확히 알고 있었던 듯하다.

스티븐 스미스 티메이커 차는 비교적 맛있고 블렌딩이 상당히 안정감이 있다. 특히 다르질링 FF와 SF를 블렌딩한 47번 방갈로Bungalow는 탁월하다. 약하게 산화시킨 SF의 신선함에 FF를 적절하게 블렌딩해서 SF만으로는 낼 수 없는 독특한 맛과 향을 가지고 있다.

안이 훤하게 보이는 플라스틱 사각형 티백에 들어있는 찻잎은 물속에 우려지면서 티백이 터질 듯이 팽창된다. 이를 쳐다보고 있으면 기분이 좋아진다.

> ### 47번 방갈로 시음기
> 옅은 적색으로 전형적인 다르질링 세컨드 플러시SF 수색이다. 깔끔하기보다는 색의 밀도가 높아 보인다. 향도 SF에 가깝다. 하지만 굉장히 신선한 SF 향처럼 느껴진다. 이 신선하다는 의미는 오래되지 않았다는 말이 아니라 속에 무엇인가 원래의 SF와는 다른 성질의 것이 포함된 데서 오는 신선함이다. 그 때문인지 SF 특징인 무스카텔 향이 다소 가볍게 느껴진다. 마시면서 오히려 무스카텔 향이 좀더 선명하게 느껴진다. 바디감이 강해 입안을 가득 채우는 듯하다.
> 엽저를 보면 옅은 라임색 퍼스트 플러시FF 찻잎과 아주 옅은 갈색 SF 찻잎이 보이지만 SF 찻잎이 훨씬 많다. 패키지에는 FF와 SF를 블렌딩한 것이라고 표기되어 있지만 엽저나 맛과 향으로 판단하건대 SF를 위주로 하면서 FF를 조금 가미한 것처럼 보인다. 다만 SF가 아주 약하게 산화된 것이다.

TWG 홍차를 처음 안 것은 2011년경 해러즈 백화점 홍차 판매 사이트를 통해서였다. 디자인이 깔끔하고 인상적이었다. 2013년 봄, 인도로 홍차 여행을 가면서 싱가포르를 경유하게 되어 마리나베이 샌즈 몰Marina Bay Sands Mall에 있는 매장에서 몇 종을 구입하기도 했다. 2013년 늦가을 무렵에 TWG는 청담동에 아주 화려하고 멋진 매장을 내면서 한국에 들어왔다. 이 무렵은 지금처럼 우리나라에서 홍차가 유행하기 전이라 필자를 비롯한 홍차 애호가들이 TWG의 등장을 반겼다.

TWG는 2008년 싱가포르에 세워진 차 회사다. TWG는 모회사인 The Wellbeing(혹은 Wellness) Group를 뜻한다. 2010년 일본 도쿄의 지유가오카에 첫 번째 해외 매장을 오픈했다. 이후 지속적으로 해외 매장을 늘려서 일본, 홍콩, 말레이시아, 타이, 필리핀, 인도네시아, 타이완, 중국, 아랍에미리트, 모로코, 영국 등에 현재 70개가량의 매장을 열었다. 특히 2018년에는 창립 10주년을 맞아 유럽에서는 처음으로 런던에 매장 두 곳을 열었다.

홍차의 나라 영국에서 전통 스타일 영국식 홍차와는 차별화된 모습을

...
화려한 내부 매장.

보여주겠다는 것이 이 신생 홍차 회사의 목표라고 한다. 그래서인지 런던 매장은 너무나 화려하다. 그도 그럴 것이 TWG는 처음부터 럭셔리 브랜드로 자기매김하기 위해 매우 공격적으로 마케팅을 해왔다. 그에 걸맞게 패키지 디자인도 고급스럽고, 전 세계에 퍼져 있는 매장 모두 호화스럽다. 주로 아시아 국가에 매장이 많이 있는데, 해외 여행을 다녀온 우리나라 홍차 애호가들은 그 매장의 화려함에 놀란다. 그 덕분인지 10년밖에 되지 않은 브랜드 치고는 한국에서 인지도가 매우 높은 편이다.

TWG에서는 약 800가지의 제품을 판매하는데, 단일 차 회사로는 아마

가장 많은 수일 것이다. 주로 가향차 위주이며, 어떤 측면에서는 마리아주 프레르와 콘셉트가 비슷해 보인다.

패키지 디자인에 '1837'을 표기한 것은 싱가포르 상공회의소가 설립된 해를 기념하기 위해서라고 한다.

종이와 차는 오래전 중국에서 발명된 것으로, 창조성과 소통을 상징하고 문화의 매개체 역할을 한다. 모든 시대를 관통하는 차의 미덕을 좋은 차를 통해 알리고 현대인들 삶에 도움이 되게끔 하고 싶다.

P&T의 설립자 옌스 데 그루이테르Jens De Gruyter가 종이와 차Paper and Tea의 약자로 브랜드 네이밍을 한 이유와 차에 대한 그의 철학을 필자가 이해한 대로 정리해보았다. 그루이테르가 차 전문가여서인지 회사를 설립한 취지가 매우 설득력 있어 보인다.

P&T는 2012년 베를린에서 매장을 오픈하면서 시작한 차 회사다. 그야

3. 피 앤 티P&T : 가향차의 새로운 모습

말로 젊은 브랜드다. 신생 브랜드 치고는 비교적 빨리 브랜드 인지도를 높인 편이다. 고급 차에 대한 수요가 증대하는 시기에 품질 좋은 차와 눈에 띠는 독특하고 세련된 패키지 디자인으로 주목받았다. 홀 립Whole Leaf 등급의 잎차 위주로 판매하면서 티백에도 홀 립 등급의 차를 넣는 것으로 차별화했다.

아쉬운 점은 차 판매 목록에 단일 산지 홍차, 단일 다원 홍차가 다양하지 않다는 것이다. 주로 가향차로 이루어져 있다. 물론 P&T가 취급하는 가향차 품질은 매우 탁월하다. 독일은 차 블렌딩, 특히 가향차 블렌딩에 강점이 있는 나라이기도 하다. 기존 다른 회사 가향차와는 분명한 차별점이 있다. 이국적이고 차분하고 섬세하다. 최근에 등장한 차 회사들이 대체로 그러하듯이 티웨어Teaware 구성도 다양하다. 다음에 소개할 티투T2의 티웨어가 도전적이고 파격적인 반면 P&T는 매우 전통적이고 보수적이며 단순하다. 일본풍이 많은 것이 조금 아쉽기는 하다.

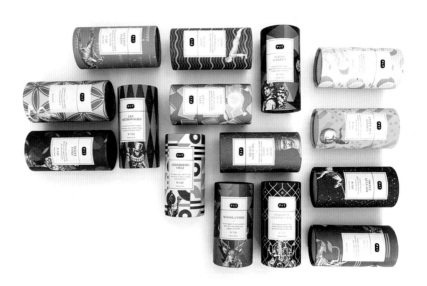

...
젊은 감각의
P&T 패키지 디자인.

흥미로운 점은 우리나라 하동에서 생산된 우리Woori라는 홍차를 판매하고 있다는 것이다. 그것도 100그램에 88유로라는 엄청난 가격에.

여느 독일 회사와 달리
다구가 매우 동양적이고
차분하다.

잭팟 더비Jackpot Derby 시음기

외형으로만 보면 찻잎은 균일하지 않은 편이다. 유달리 줄기가 많아 보인다. 꽃잎처럼 보이는 다양한 색상의 내용물과 아주 작은 콩처럼 보이는 빨간색 알갱이가 들어 있다. 수색은 짙은 호박색, 옅은 적색이다. 향은 달콤하면서도 우아하고 복합적이다. 마른 찻잎에서도 같은 향이 났다. 아주 독특하고 익숙하지 않으면서 묘한 향이다.

제품 패키지에는 달콤한 무화과에 가죽과 훈연 향을 가미했다고 되어 있다 fruity fig, and hints of leather and smoke. 그리고 중국차 베이스다. 중국차 베이스에 훈연향이라면 랍상소우총일 가능성이 많지만 훈연향은 거의 느껴지지 않는다. 전체적으로 향이 잘 조화가 된 듯하다. 맛 또한 부드럽고 가볍다. 향이 찻물에 아주 잘 녹아들어 가향 느낌이 전혀 없다. 삼키고 난 후 향이 입안에 길게 남는다.

엽저 형태에서는 외형과 산화 정도가 확연히 달라 보이는 두 종류의 찻잎이 쉽게 구별된다. 독일 홍차이면서도 매우 동양적인, 그러면서도 먼 미래의 홍차 느낌을 주는 맛과 향이다.

4. 티 투T2 : 22세기 홍차의 맛과 향

최근 유럽이나 미국과 같이 오랫동안 홍차를 마셔왔던 서구에서 고급 홍차에 대한 수요가 늘어나고 있다. 홍차를 많이 마시지만 블렌딩된 티백 제품 비중이 압도적이었던 서양 국가에서 고급 잎차에 대한 수요가 늘어나고 있는 것이다. 이런 추세를 반영하는 사례가 2013년 9월 유니레버Unilever가 T2라는 호주의 프리미엄 티 회사를 인수한 일이다. 유니레버는 한국에서 비누 등의 유지 제품 판매 회사로 알려져 있지만, 립턴Lipton, 브룩본드Brooke Bond, PG팁스PG Tips 같은 유명 홍차 브랜드를 가지고 있는 세계 1위 차 회사이기도 하다. 참고로 세계에서 두 번째로 큰 차 회사는 인도 타타 그룹 계열사로, 2000년도 영국 최대 차 회사인 테틀리Tetley를 인수한 타타 글로벌 베버리지TATA Global Beverages다.

대량 생산되어 균일한 맛과 향을 가진 낮은 가격의 티백 제품 위주로 판매하던 유니레버 같은 거대 차 회사가 다양한 맛과 향을 가진 '고급 잎차'에 대한 늘어나는 수요를 따라가기 위해 프리미엄 차 회사를 인수한 것이다. 유니레버는 T2뿐만 아니라 2017년에는 허브 차로 유명한 영국의 푸

···
새로운 콘셉트의
매장 분위기.

카Pukka, 스타벅스의 타조Tazo를 인수해 고급 브랜드 시장에 적극적으로 뛰어들고 있다.

T2는 1996년 호주에서 설립되어 20년 가까이 호주 고급 차의 상징적인 브랜드였다.(2013년 유니레버에 의해 인수된 후 본격적으로 해외 진출을 했으므로 신생 기업으로 보았다.) T2의 뜻은 두 사람이 공동으로 설립한 것을 나타내는 'Tea Two'인데, 쓸 때는 'Tea too'라고 바꿔서 표기한다고 한다.

2013년 인수될 당시 약 40개의 직영 매장(우려 파는 것은 아니고 찻잎만 판매)을 가지고 있었고, T2 제품은 고급 레스토랑과 카페, 백화점 등에서도 판매되었다. T2를 인수한 후 유니레버는 2014년 4월 런던, 10월 뉴욕 등 최고급 차에 대한 수요가 있는 중심지에 매장을 오픈했고, 앞으로 수백 개의 매장을 전 세계에 오픈할 예정이라고 밝혔다. 2017년에는 싱가포르, 스코틀랜드에 매장을 냈다.

. . .
단순하고 세련된
패키지 디자인.

. . .
파격적인 디자인의
티웨어들.

떠오르는 홍차 브랜드들

> ### T2 다르질링 시음기
>
> 찻잎 크기는 비교적 균일한 편이나 색상은 매우 다양하다. 전체적으로 밝은 느낌을 주며 어두운 녹색과 밝은 녹색, 갈색이 많이 보인다. 산화를 많이 시킨 FF(퍼스트 플러시) 혹은 산화를 약하게 시킨 SF(세컨드 플러시)의 경계선에 있는 듯한 외형을 보여 두 종류를 블렌딩한 듯하다.
>
> 수색은 아주 부드러운 느낌을 주는 옅은 호박색이다. 전형적인 FF 수색이다. FF의 꽃향이라기보다는 뭔가 싸한 느낌의 달콤한 풋내 같은 것이 난다. 엽저 온도가 내려가자 희미하게 꽃향이 나는 것 같기도 하다. 하지만 보통 FF 꽃향과는 다른 특이한 향이다. 맛을 볼 때도 향에서 나는 싸한 느낌의 달콤한 풋내가 여전히 난다. 바디감 자체는 강하지 않지만 질감은 상당히 각이 져 있고, 삼키고 난 후 여운 없이 뒷맛이 딱 떨어진다.
>
> 그동안 맛본 다르질링과는 많이 다른 느낌이다. 오래전에 가본 핀란드의 헬싱키처럼 깔끔하고 세련되었지만 정이 가지 않는 차가운 도시 같은 느낌을 준다.
>
> 엽저를 보면 완전히 FF라고 할 수 있겠다. 크기만 보면 두 종류 찻잎으로 구분되며 색상은 아주 옅은 카키색이 대부분이고 일부 짙은 갈색이 보인다. 어쨌거나 전형적인 FF의 엽저다.
>
> 전체적인 느낌은 FF에 가까운 맛과 향이지만 다소 익숙하지 않은 다르질링이다. 마치 2100년 무렵의 미래에서 온 다르질링 같은 느낌이다. 하지만 매력적이다.

2017년 말 기준으로 호주, 뉴질랜드, 미국, 영국, 싱가포르, 스코틀랜드 등지에 100개에 가까운 매장이 있다.

T2의 매력은 젊은 느낌을 주고 세련되고 도시적이며 마치 22세기가 된 듯한 분위기를 풍기는 것이다. 매장 분위기도 매우 화려하다. 차의 구성도 정통 홍차보다는 가향차 위주다. 정통 홍차조차 맛과 향이 매우 깔끔하다. T2의 또 다른 장점인 다구 역시 디자인이나 색감이 정통적이기보다는 도

전적이고 파격적이다. 굳이 비교하자면 영국 포트넘앤메이슨과는 정반대에 위치한 브랜드라고나 할까.

솔직히 필자가 다가가기에는 조금은 불편하지만, 차가 주는 정적이고 고전적인 느낌이 불편했던 젊은 세대들에게는 오히려 매력적일 듯하다. 우리나라에도 매장이 들어와서 좀더 쉽게 접할 수 있기를 기대해본다.

5.
데이비드티DavidsTea :
캐나다 홍차의
선두주자

아이스티가 대세인 미국과는 달리 캐나다인들은 뜨거운 차를 주로 마신다. 서부 해안 지역은 녹차와 허브 차가 강세인 반면 동부 지역은 강하게 우린 홍차에 우유를 넣는 전통적 스타일을 선호한다. 캐나다 역시 다른 나라와 마찬가지로 차의 건강상 이점이나 잎차를 우리는 리추얼, 차 생산지, 고급 차가 가지는 다양한 맛과 향에 대한 관심이 커지는 추세다.

거의 60퍼센트 정도가 잎차로 소비된다는 자료를 보면 잎차로의 전환이 다소 빠른 듯하다. 이런 흐름을 타고 고급 차 판매 전문 회사들도 속속 등장하고 있다. 2006년에 설립된 스팁드 티Steeped Tea는 티 파티를 열고, 차에 대해 교육하고 판매도 하는 일종의 차 직접 판매 회사다. 상당히 흥미로운 마케팅 전략이다.

현재 캐나다를 대표하는 고급 차 브랜드는 2008년에 설립된 데이비드티다. 데이비드 시걸David Segal이라는 27세의 젊은이가 자본을 투자한 사촌 허셜 시걸Herschel Segal과 공동 창립했다.(2016년 1월 데이비드 시걸은 회사를 떠났다.) 2008년 토론토에 첫 매장을 열고, 2011년에 뉴욕에서 첫 해외 매장을 열었다. 2018년에는 캐나다에 190개, 미국에 50개의 매장을 가진 거대한 차 회사로 성장했다.

지난 몇 년간 미국과 캐나다 곳곳에서 티바나 매장과 치열한 경쟁을 해왔는데, 티바나가 매장 사업을 포기하면서 한결 좋은 상황에서 사업을 할

수 있게 되었다. 이런 자신감 때문인지 2017년 가을에는 오히려 판매 제품 종류를 줄이고 고급 제품에만 좀더 집중하여 스페셜티 티에서 입지를 확고히 하겠다고 발표했다.

2018년 9월에는 캐나다 최대 식료품 체인과 유통 계약을 맺기도 했다. 데이비드티의 인기 제품을 고급 티백Sachets에 넣어 전국적으로 유통시키기로 한 것이다.

1장의 미국 편에서 스타벅스가 티바나 브랜드로 고급 티백에 넣은 잎차를 전국에 유통시킨다고 했다. 이처럼 홍차를 주로 소비하는 선진국에

* * *
퓨어 립 아이스티.

서는 그동안 대부분 티백을 주로 음용했다. 유니레버가 1972년 립턴을 인수한 후 지난 50년은 립턴 옐로 라벨 티Yellow Label Tea를 중심으로 한 소위 값싼 티백 시대였다. 물론 지금도 이런 값싼 티백 제품들이 세계에서 가장 많이 팔리고 있다. 하지만 고급 잎차에 대한 관심이 커져감에 따라 판매 물량은 하향 추세를 보인다.

T2, 데이비드티 같은 고급 차 전문 매장이 많이 생기긴 했지만 소비자들이 손쉽게 접근하기에는 여전히 제한이 있다. 이 문제를 극복하기 위한 방안이 일반 슈퍼마켓 유통을 활용하는 것이다. 티바나, 데이비드티는 잎차를 고급 티백에 넣어 판매하여 유니레버가 지배하고 있는 립턴과 같은 유의 값싼 티백을 대체하겠다는 전략이다. 물론 유니레버 역시 반격에 나섰다. 미국 시장에서 프리미엄 RTD 차로 확고한 이미지를 가지고 있

* * *
퓨어 립 삼각 티백
고급 잎차.

는 퓨어 립Pure Leaf을 삼각 티백에 넣은 고급 잎차로 판매하는 것이다. 그야말로 차의 춘추전국 시대다. 차 시장은 커지면서 또 고급화되고 있다.

급변하는 세계 차 시장이 우리나라와는 다소 동떨어진 일 같지만, 꼭 그렇지만은 않다. 우리나라에서도 젊은 세대들의 차에 대한 생각이 달라지고 있다. 그리고 곳곳에서 이런 변화를 구체화하려는 노력이 진행되고 있다. 어쩌면 아주 빨리 큰 변화가 닥쳐올지도 모른다.

이 장에서 소개한 TWG, 스티븐 스미스 티메이커, P&T는 우리나라에 이미 정식 수입되었다. T2, 데이비드티 같은 브랜드도 곧 수입되어서 우리나라 홍차 애호가들이 다양한 브랜드의 여러 가지 차를 맛볼 기회가 늘어나길 희망한다.

다원에 대한 이해

**1. 다르질링
홍차의 영광**

다 원 의 탄 생

다원은 경계를 가진 일정한 면적을 가지고 다원 내부에 차나무를 재배하는 곳과 티 팩토리를 포함하며 사람들을 고용해서 홍차를 생산하는 곳이다. 즉 다원에서 재배된 찻잎을 중심으로 다원 소유의 공장에서 홍차를 생산한다. 이 시스템은 인도와 스리랑카에서 19세기 중·후반 영국인들이 구축한 것이다. 이것이 필자가 나름대로 정리한 다원에 대한 정의다. 오랫동안 홍차는 이런 다원에서 생산되었다.

홍차 종류를 블렌딩 홍차, 단일 산지 홍차, 단일 다원 홍차로 분류하면서 하나의 다원 이름으로 판매되는 홍차를 일반적으로 고가의 고급 홍차로 여기기도 한다.

이런 다원은 어떤 과정을 거쳐 형성되었으며 오늘날 어떤 위기를 맞고 있을까? 단일 다원 이름으로 가장 많이 판매되는 다르질링 지역을 중심으로 알아보면서 아삼, 스리랑카, 케냐 등지의 사례도 참고하겠다.

인 도 독 립

1947년 8월 15일 인도는 영국으로부터 독립했다. 영국이 인도 식민 통치를 포기했다고도 말할 수 있다. 일본이 패망하면서 독립한 우리나라와는 달리 영국은 스스로 인도의 독립을 허용했기 때문이다. 2차 세계대진 이후 서구 열강들 스스로 식민지 국가를 운영하는 것이 더 이상 자국에 도움이 되지 않는다고 판단한 시대적 변화 때문이기도 했다. 이렇게 예정된, 질서 있는 독립으로 다르질링 다원을 소유한 영국인들은 인도의 부자들에게 다원을 매각할 수 있었다. (아삼, 닐기리 등 인도 전체가 같은 상황이었다.) 하지만 새 주인이 된 인도인들은 다원을 운영하는 방식이 영국인들과는 완전히 달랐다.

영국인에서 인도인으로 다원 주인의 교체

첫 번째 상업적 다원은 1852년에 세워진 투크바^{Tukvar} 다원이고, 1859년에는 첫 번째 티 팩토리^{Tea Factory}(차 가공 공장)가 마카이바리 다원에 세워졌다. 이처럼 1850년 전후로 다르질링 다원들이 형성될 때부터 피와 땀으로 개척한 영국인 개척자들의 후손 혹은 이들과 혼인 등으로 맺

투크바 다원 티 팩토리.
입구 아래 붉은 글씨로
NONE BEFORE US(1852)라고
적혀 있다.

다원의 형성과 위기

···
다르질링 스테인살Steinthal
다원의 1930년대 모습.
티 플랜터와
노동자들이 함께 있다.

···
다르질링 타운,
뒤로는 세계에서
세 번째로 높은 산인
칸첸중가가 보인다.

어진 다원 주인들은 다원과 차 사업에 대해 단순히 돈을 벌기 위한 목적
그 이상의 애정을 갖고 있었다. 이들은 다원에 직접 거주하면서 다원 노
동자들 대부분을 차지하는 티 플러커Tea Plucker들과도 깊은 인간관계를
맺었다.

하지만 새롭게 인수한 인도인 주인들은 다원과 차 사업에 대한 이해나
애정 없이 단순히 이익을 남기기 위한 수단으로 여겼다. 이들은 다원에 거
주하지 않고 멀리 도시에 거주하면서 대리인을 통해 다원을 운영했다. 당
연히 다원 노동자들과 접촉도 없었다.

홍차 수업 2

다 원 경 영 원 칙 40퍼 센 트 - 40퍼 센 트 - 20퍼 센 트

영국인들은 다원을 운영하면서 다원 면적의 40퍼센트는 차나무를 심고, 40퍼센트는 토양을 보호하기 위해 숲으로 두었다. 그리고 나머지 20퍼센트에는 자신들과 노동자들의 거주지, 편의시설, 티 팩토리 등을 지었다. 이 원칙이 대부분 다르질링 다원들의 불문율이었다.

다원을 인수한 인도인 주인들은 차 생산량을 늘리기 위해 이 원칙을 무시하고 숲을 개간해 차나무를 심었다. 그 결과 산사태 등으로 다원에까지 피해를 입히는 일까지 발생하면서 과거의 원칙에 대한 새로운 이해가 생겨나기도 했다.

영 국 인 들 이 떠 난 자 리

1947년 독립 후 영국인들이 소유한 인도 다원의 수는 급격히 줄었지만, 인도 차 산업에 대한 영향력은 여전히 막강했다. 차와 관련된 회사들 대부분을 영국인들이 소유하면서 인도 수출량 대부분을 영국이 수입했기 때문이다. 하지만 인도가 독립한 후 안정되어 가면서 영국인들을 포함한 외국인들에 대한 규제를 점점 강화하게 된다. 인도에서의 차 사업이 이전처럼 자유롭지 않게 되자 영국인들은 차 공급지로써 인도 이외의 새로운 대안을 탐색했다. 케냐가 대안으로 떠올랐고, 1970년대 중반 이후 영국은 수입처를 인도에서 케냐로 전환하기 시작한다.

1947년 12만7000톤, 1957년 13만5000톤, 1977년 7만4000톤, 1987년 2만2000톤으로 영국이 인도로부터 수입하는 홍차의 양은 줄어들기 시작해 현재는 1만 톤이 조금 넘는 수준이다. 현재 영국 홍차 수입량은 연 11~12만 톤 수준이며 수입량의 60퍼센트 이상을 케냐와 아프리카 국가에서 가져오고 있다.

더불어 전 세계 홍차 시장에서 영국이 차지하는 위상도 달라졌다.

마카이바리 다원에서
판매하는 다양한 차들.

1961년만 하더라도 전 세계 홍차 수출량의 42.6퍼센트를 영국에서 수입했는데, 2011년에는 7.4퍼센트로 줄어들었다. 영국의 홍차 소비량이 줄어들었다기보다는 영국 이외 국가들의 홍차 소비량이 늘어났다고 보는 것이 정확하다. 1989년까지만 하더라도 영국이 세계 홍차 수입 1위국이었다.

하지만 현재 세계에서 차를 가장 많이 수입하는 상위 3개국은 미국, 러시아, 파키스탄이다. 영국은 4위다.

다르질링의 변화

영국이 인도로부터 홍차 수입량을 줄이게 되자 생산량 대부분을 수출해왔던 다르질링 지역에 영국을 대신한 새로운 고객이 등장했는데, 당시의 소련과 동유럽 국가들이었다. 1991년 소련은 인도로부터 약 10만 톤을 수입했는데 이는 인도 수출량의 50퍼센트가 넘는 수준이었다. 하지만 소련은 아주 싼 가격의 홍차를 필요로 했기에 오랫동안 다르질링을 포함한 인도의 홍차 업계는 품질에 신경 쓰지 않고 생산량 증가에만 주력했다.

일본에서 판매되는
마카이바리 다원 홍차.

1991년 소련이 해체되면서 소련 시장이 붕괴되자 인도의 홍차 산업은 극심한 어려움을 겪는다. 수출에 주력했던 다르질링 지역은 더

큰 피해를 입고 문을 닫는 다원도 나왔다. 그러면서 새롭게 등장한 시장
이 서유럽과 일본이다. 특히 독일과 일본은 다르질링 홍차, 그중에서도 이
무렵 새롭게 등장하기 시작한 퍼스트 플러시First Flush를 특별히 선호했다.

　다르질링 지역도 고급 차 시장에 맞춰 전략을 변경한다. 차나무 품종
을 교체하고, 비료와 농약 사용도 제한하면서 생산량보다는 품질 향상
에 전력했다.

다르질링 홍차의 영광

　현재 다르질링 홍차는 그 어느 때보다 전성기를 맞고 있다. 세계적인 홍
차 회사인 마리아주 프레르의 판매 사이트에 홍차Black Tea로 분류되는 수
가 약 250종이다. 그중 다르질링 홍차가 약 130종, 아삼 홍차가 15종, 스리
랑카 홍차가 20종, 중국 홍차가 20종 정도가 판매된다.

인도 전체 차나무 재배 면적이 약 150만 에이커(2016년 우리나라 차나무 재배 면적이 약 7000에이커다)이며 생산 물량은 약 130만 톤 수준이다. 다르질링의 재배 면적은 약 4만5000에이커에 연간 생산 물량은 약 8000~9000톤 수준이다. 인도 전체 생산 면적의 3퍼센트, 생산량은 1퍼센트에도 훨씬 못 미친다. 아삼의 생산 면적은 인도 전체의 50퍼센트 이상이고 생산량도 50퍼센트를 넘는다. 이런 아삼 홍차가 15종 정도 판매되는 반면 다르질링 홍차는 130종 정도가 판매되는 것을 보더라도 다르질링 홍차의 인기가 어떤지 쉽게 알 수 있다. 판매 가격 또한 다르질링 FF 같은 경우 다른 지역 홍차 가격의 4~5배에 달하는 것도 많다.

왜 다르질링인가

인도의 다르질링, 스리랑카의 우바, 중국의 키먼 홍차가 흔히 세계 3대 홍차라고 한다. 비록 그 출처는 명확하지 않지만, 오랫동안 다르질링 홍차가 유명했던 것은 사실이다. 하지만 지난 10여 년에 걸쳐 그 어느 때보다 다르질링 홍차의 명성이 높아진 것은 전 세계적으로 고급 홍차 수요가 늘어나면서부터다. 생산지를 알 수 없는, 블렌딩된 티백 위주의 값싼 홍차에 우유와 설탕을 넣어 마시는 것이 서구의 일반적 음용 양상이었다. 사실 지금도 이런 음용법이 대세다. 소득이 늘어나고 건강에 대한 관심이 증가하면서 설탕과 우유를 넣지 않게 되었다. 그러면서 홍차 자체의 맛과 향에 주목하게 되었고, 홍차가 생산되는 산지와 그 산지의 테루아 그리고 다원 등에 관심을 갖게 된 것이다. 이런 추세가 1980년대 후반부터 나타났지만 뚜렷한 경향을 보이게 된 것은 10여 년쯤 되었다. 이런 배경에서 10여 년 전부터 다르질링 FF가 특히 일본과 독일에서 각광을 받기 시작했다. 홍차 애호가들의 사랑을 받는 퍼스트 플러시, 세컨드 플러시는 연간 8000~9000톤의 생산량 중에서도 30퍼센트 가량에 불과하다. 여기에 유명 홍차 회사들의 마케팅 전략으로 다원 차가 유행하게 되었다. 이러다보니 연간 평균 생산량 100톤 남짓 되는 다르질링 유명 다원들의 홍차는 그야말로 비싼 가격대를 형성하고 있다.

지리적 표시 PGI-Protected Geographical Indication 의 양면성

이렇게 유명하다보니 다르질링 주위 지역 홍차도 다르질링이라고 판매되어 평균적으로 다르질링 생산량의 4배가 넘는 4만 톤 수준의 다르질링 홍차가 유통되었다. 이를 방지하기 위해 노력한 결과 2016년 11월부터 인도 농산물로는 처음으로 유럽연합 국가에서 다르질링 홍차가 원산지 표시 제품으로 인정받게 되었다. 다시 말하면 현재 유럽에서 판매하는 다르질링 홍차는 100퍼센트 다르질링 지역에서 생산된 홍차임을 법적으로 보장받는다는 것이다.

지리적 표시 인증으로 다르질링 홍차가 보호받는 것이 긍정적 효과라면 다르질링 홍차의 경쟁자를 출현시키는 뜻하지 않는 결과도 가져왔다. 그동안 다르질링 홍차로 속여서 판매되어 온 것은 주로 다르질링 남쪽 테라이 지역과 다르질링과 아삼 사이에 위치한 두어스 지역 그리고 다르질링 서쪽으로 국경을 맞대고 있는 네팔에서 생산된 홍차였다.

다르질링 티 로고.

테라이, 두어스

인도 주요 차 생산지를 언급할 때 보통 다르질링, 아삼, 닐기리 이렇게 세 지역으로 구분한다. 그렇다면 인도 전체 차 생산량을 놓고 볼 때 이 세 지역의 생산량 비율은 얼마나 될까? 아삼이 보통 50퍼센트, 닐기리가 25퍼센트 정도다. 다르질링은 1퍼센트도 채 되지 않는다. 그러면 나머지 약 24퍼센트는 어디서 생산될까?

바로 테라이와 두어스다. 생산지를 인도의 관점에서 다시 분류하면 동북 지역인 아삼, 닐기리를 중심으로 한 남인도 지역 그리고 서벵갈주다. 서벵갈주의 주요 생산지가 다르질링, 테라이, 두어스이며 물량으로 보면 다르질링은 의미가 없고 테라이, 두어스가 압도적으로 많다. 두어스는 다르질링과 아삼 사이에 위치한 지역으로 차밭의 면적이 상당히 넓은 편이다. 대부분 CTC로 생산

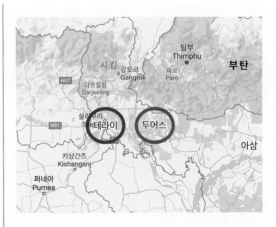

된다. 일부 생산된 정통 홍차가 그동안 다르질링에서 생산된 제품인 것처럼 판매된 것이다.

2013년 인도를 처음 방문했을 때 아삼 구와하티Guwahati 지역에서 다르질링 근처 도시인 뉴 잘파이구리New Jalpaiguri까지 밤기차를 타고 이동했는데, 그때는 몰랐지만 그 밤에 두어스 지역을 지난 듯하다.

테라이는 다르질링 남쪽 티에스타Teesta강 서쪽 지역에 위치한다. 테라이라는 지역 자체는 네팔 남부까지 포함하는 광대한 저지대다. 비행기나 기차를 통해 다르질링 남쪽 도시 실리구리Siliguri 근방에 도착해서 다르질링으로 올라가기 전 평지에 있는 차밭들이 대체로 테라이 지역이라고 생각하면 된다.

두어스와 마찬가지로 대부분 CTC로 생산되고 일부 정통 홍차가 다르질링으로 판매된 것이다. 이 두 지역에서 생산된 차들은 대부분 국내에서 소비되어 외부에는 잘 알려지지 않았다. 2004년 생산량 비율은 아삼 49퍼센트, 남인도 26퍼센트, 서벵갈주가 23퍼센트였는데, 2016년은 각각 53퍼센트, 18퍼센트, 27퍼센트로 서벵갈주가 크게 늘었다.

우리가 두어스와 테라이 홍차를 마실 기회는 많지 않겠지만 인도 홍차를 제대로 이해하기 위해서는 인도 전체 생산량의 거의 30퍼센트를 감당하는 두 지역 이름은 알아둘 필요가 있다.

네팔의 등장

네팔의 동쪽(다르질링의 서쪽) 지역은 다르질링과 테루아가 매우 비슷해 이 지역에서 생산되는 홍차 또한 다르질링과 맛과 향이 매우 유사하다. 네

팔의 국가 이미지가 마케팅에 그다지 도움이 되지 않아 그동안 다르질링
홍차로 판매되어 왔다. 하지만 다르질링 홍차가 원산지 표시 제품으로 보
호받게 되면서 더 이상은 유럽에서 네팔 홍차를 다르질링 홍차로 판매할
수 없게 되었다.

게다가 '진짜 다르질링 홍차'에 주위 지역 홍차를 블렌딩해
서 다르질링 홍차로 판매해오던 유럽의 회사들은 이제
'진짜 다르질링 홍차'만을 다르질링 홍차로 판매해야
하기에 판매 원가가 오르게 되었다. 더구나 '진짜 다
르질링 홍차'에 대한 수요가 늘어났지만 생산량은
한정되어 있으니 가격은 더 오르게 되었다.(사실 생
산량이 줄어들고 있다고 해야 맞는 말이다. 이 내용은 뒤
의 '다르질링의 위기'에서 자세히 다루겠다.)

이로 인해 다르질링 홍차를 취급하던 유럽의 큰손들이
다르질링 홍차와 맛과 향이 매우 비슷한 네팔 홍차를 다르질링 홍차의 경쟁 제품으로 키우기 시작한 것이다. 이에 부응하여 네팔인들도 자기 홍차의 가능성을 파악하고 아주 공격적으로 생산량을 늘리고 홍차 생산국으로서의 네팔 이미지를 제고하기 위해 다양한 노력을 하고 있다.(2장의 네팔 부분 참조) 네팔 홍차의 부상은 다르질링 지역이 직면하고 있는 여러 위기들로 인해 더욱더 가속화될 수밖에 없는 상황이다.

3. 다르질링의 위기들 : 정치 문제, 노동 문제, 기후 문제

2010년 이후 연간 8000~9000톤 정도를 생산하던 다르질링은 2017년 약 2500톤이라는 충격적인 물량을 생산했다. 2017년 6월 초부터 9월 말까지 100여 일 동안 다르질링 다원 노동자들의 파업으로 다르질링 지역 전체의 차 생산이 전면 중단되었기 때문이다. 이 여파로 2017년에는 다르질링 퍼스트 플러시만 제대로 생산되었고, 세컨드 플러시는 일부만 생산되고 나머지 몬순 플러시와 오텀널은 거의 생산되지 못했다. 다르질링에서 홍차가 생산된 약 150년 역사에서 처음 일어난 일이었다. 이로 인해 다원

...
1912년 다르질링 전경.

은 다원대로 노동자는 노동자대로 심각한 경제적 피해를 봤다. 다르질링 지역의 독립을 원하는 정치적 문제로 인한 파업이었다.

정치 문제

다르질링 지역의 중심인 다르질링 타운은 히말라야 산맥 2000미터 고도에 위치한 산속 작은 도시다. 1850년대 영국인들이 처음 이 지역을 개척한 것은 식민 통치를 위해 인도에 와 있는 영국 관리들과 군인들을 위한 피서지를 만들기 위해서였다. 인도에서 차나무가 발견된 이후 차나무 재배지를 찾던 중 다르질링 또한 적합한 곳으로 알려지면서 본격적으로 다원 개척이 시작되었다.

하지만 다원 개척에 필요한 노동력이 부족해지면서 인접한 네팔로부터 노동자들을 데려왔다. 이들이 현재 다원 노동자들을 포함한 다르질링 지역 인구 대부분을 구성하고 있는 네팔 고르카Gorkhas족이다.

인도는 29개 주와 7개 연방 직할지로 구성되는데, 다르질링 지역은 서벵갈주에 속한다. 고르카족인 네팔계 인도인과 서벵갈족계 인도인은 오랫동안 인종 갈등을 겪었다. 고르카족은 서벵갈주로부터 독립해 고르카족만의 주를 원하고 있다.(인도로부터의 독립이 아니라 서벵갈주로부터의 독립이다.)

1907년부터 시작된 독립 투쟁은 1986~1988년에는 고르카랜드 운동으로 확산되면서 무장 폭력으로 비화해 1200명 가까이 사망하는 비극을 낳기도 했다.

그 대가로 어느 정도 자치권을 얻어내긴 했다. 2011년과 2013년에도 갈등을 빚었다. 그동안 독립 세력의 투쟁 방법은 주로 다르질링 지역 폐쇄였다. 다르질링 지역이 산악 지대다보니 평지 도시와의 연결을 차단하기 쉬워서 6~8주 정도 동안 사람과 물자 이동을 막아버리는 방법이었다.

그러면서 생산된 홍차가 다르질링 지역 밖으로 나가지도 못하고, 생산에 필요한 물품들이 이 지역으로 들어오지 못하는 어려움을 겪었다. 그러나 다원에서의 생산은 계속 진행되었기 때문에 폐쇄가 풀리기만 하면 문제는 해결되었다. 하지만 2017년에는 사정이 달랐다.

2017년 5월 주 정부가 학교에서 고르카족이 사용하는 네팔어 교육을 중단하고 인도 공식어만 가르치라는 지시를 내리면서 유례 없는 장기간 파업에 들어간 것이다. 파업 기간도 길었지만 홍차 생산 자체를 하지 않은 일도 전례가 없었다. 다르질링 홍차가 부족해지자 유니레버, 타타 같은 대기업들은 누와라엘리야, 네팔 등에서 생산되는 비슷한 스타일의 차를 구입하기도 했다. 2017년 9월 파업은 종료되었지만, 근본적으로 해결된 것은 아무것도 없는 미봉 상태다. 즉 언제든 다시 갈등이 일어날 수 있다는 뜻이다. 2019년 4월 필자가 방문했을 때까지 2017년 파업의 여파가 여전히 영향을 주고 있었다. 임금 지급 문제가 해결되지 않아 티 플러커들은 부분적으로 파업을 이어가고 있었고, 일부 다원에서는 채엽을 못 하고 있었다.

노동 문제 1
- 다 원 내 노 동 자 마 을 형 성

현재 다르질링 지역에는 87개 다원이 있다. 다원당 평균 면적은 553에이커(축구장 약 300개의 넓이), 평균 생산량은 100톤이다. 평균적으로 수백 명의 노동자와 이들이 부양하는 수천 명의 가족이 각각의 다원에 소속되어 있다. 대부분의 노동자와 그 가족은 다원에서 계급이나 종족 단위로 마을을 이뤄 거주한다. 참고로 다르질링은 산악 지대다. 평지라곤 거의 없다. 차나무는 대부분이 경사진 산기슭에 심어져 있다.

하나의 다원이 처음 개척될 때 그 넓은 면적 부분과 부분이 시간 차를 두고 개척되었을 것이다. 한 지역에 먼저 차나무를 심으면 그 지역 찻잎을

채엽할 사람들이 거주할 수 있는 마을을 바로 근처에 만들었다. 또 다른
지역이 개척되면 그 근처에 또다시 마을을 만들었다.

　따라서 넓은 산악 지역에 차밭을 중심으로 형성되어 서로 멀리 떨어져
있는 마을들은 고립될 수밖에 없었다. 다원의 경영자 측은 이들에게 식량
을 포함한 거의 모든 생필품을 공급해야만 했다. 이 시스템은 아직도 유지

되고 있다. 현대로 접어들면서 큰 마을 단위에는 학교와 사원, 탁아소, 병원 등이 세워졌다. 인도는 잘사는 나라가 아니며 대체로 다원이 있는 곳은 시골 오지다. 이들 다원 노동자들은 다원 속에 있는 마을에서 태어나고 자라나서 다원과 관련된 일을 하면서 늙어간다. 외부와의 접촉은 거의 없다. 지금까지 거의 150년 동안 이 시스템이 변함없이 유지되어 왔다.

노동 문제 2
- 무단결근

현재 다르질링 다원의 경영자 입장에서 당면한 가장 큰 문제 중 하나는 노동자들의 무단결근이다. 차 생산 시기에는 거의 매일 찻잎을 채엽해야 하는데, 노동자들이 예고 없이 일하러 나오지 않는 것이다.

다르질링 전체로 보면 평균적으로 매일 25~30퍼센트 정도의 노동자들이 결근한다고 한다. 차나무는 채엽해야 할 때 하지 않으면 차의 품질이 저하된다. 특히나 다르질링처럼 싹과 어린잎 위주로 채엽하는 경우는 적기 채엽이 매우 중요하다. 산악 지역인 다르질링의 특성상 기계화는 불가능하다. 임시 노동자라도 고용하지 못하는 일부 다원들은 다원 내 한 지역의 채엽을 아예 포기하는 경우도 있다.

이들은 왜 무단결근을 할까? 돈을 좀더 벌 수 있는 다른 일자리를 구하기 때문이다. 2017년 100여 일의 파업 후 2018년 인상된 일당이 2.32달러다. 주거나 생필품 등 무료로 제공되는 것이 많고, 연 특별 수당 등이 있다고 하더라도, 어쨌건 2.32달러(약 3000원)의 일당은 매우 부족해 보인다.

2017년 파업이 독립 문제로 시작되었으나 다원 노동자들이 파업에 동참한 것은 자신들의 열악한 처우에 대한 누적된 불만이 주원인이었다. 과거에는 다른 일자리 자체가 없으니 선택의 여지가 없었지만, 인도의 경제

가 발전하면서 이들에게 약간은 선택의 여지가 생긴 것이다. 게다가 다원
노동자들의 해고는 법적으로 매우 어렵다.

쿠르세웅 지역에는 정파나 다원이라는 유명한 다원이 있다. 이 다원은
아주 외진 곳에 고립되어 있어 다원으로 차량이 들어갈 수 없다. 따라서
생산된 홍차뿐만 아니라 다원에서 필요한 모든 생필품을 사람이 직접 등
에 지고 계단을 통해 날라야 한다. 하지만 이 다원은 무단결근율이 낮다
고 한다. 노동자들이 다른 일을 찾아 가기에 길이 너무 멀기 때문이다. '웃
픈' 현실이 아닐 수 없다.

굼티 다원에서 바라본 정파나 다원.
차밭이 넓게 펼쳐진 가운데 저 멀리 티 플러커의 마을이 보이고,
아래쪽에 티 팩토리가 있다.
티 팩토리 앞쪽의 계곡을 통해서만 걸어서 건널 수 있다.
차량이 다닐 수 있는 도로를 건설 중이다.

노동 문제 3
- 단지 돈 문제만은 아니다.

　더 큰 문제는 무단결근이 단지 적은 임금만의 문제는 아니라는 것이다. 다원 노동자 대부분을 차지하는 티 플러커들이 다원 일 자체를 싫어한다고 한다.

　앞에서 말한 것처럼 과거에는 고립된 생활을 하다보니 바깥세상을 알지 못했다. 또 설사 안다고 하더라도 배운 게 없었기에 어떻게 할 수도 없었다. 이제는 TV, 인터넷, 휴대폰이 있다. 바깥세상이 돌아가는 것을 어느 정도는 알 수 있게 되었다. 인도의 경제 발전으로 과거보다 기회가 좀더 생기기도 했다. 법에 의해 초등교육을 받게 되어서 대부분 글도 읽을 줄 알게 되었다. 이런 변화된 상황에서 아주 작은 가능성만 있으면 '찻잎 따는 일'은 하고 싶어하지 않는 것이다.

　부모는 자식이 자신들처럼 사는 것을 원하지 않고, 자식도 부모처럼 살

...
1890년대
다르질링 다원 노동자들.

···
엄마와 함께 걸어가는
어린 소녀, 이 아이에게는
더 많은 선택의 기회가
있을 것이다.

고 싶어하지 않는다. 특히 젊은이들이 '찻잎 따는 일'만은 하고 싶지 않은
것이다. 어느 자료에서 읽은 캐슬턴 다원 출신의 30대 남자 이야기다.

엄마도 플러커, 할머니도 플러커, 아마 증조할머니도……
아내도 플러커, 딸도……
딸이 플러커가 되는 것은 원치 않는다.
다원 일자리를 180달러에 팔고
쿠르세웅 지역의 한 호텔에서 운전기사를 한다……
다원 일보다는 조금 더 번다.

다르질링에 갔을 때 필자가 타고 다닌 차를 운전한 젊은 사람이 어쩌면
그 이야기의 주인공이 아닐까 하는 생각이 잠시 든 적도 있었다. 나의 눈
으로 다른 사람들의 삶을 평가하는 것은 건방진 일이지만, 인도나 스리랑
카 등지로 홍차 여행을 갈 때마다 다소 불편한 마음이 들고 조금은 조심
스럽다.

적어도 이들에게는 그들 조상들보다는 선택권이 열려 있다. 좋은 일이다. 하지만 다른 대안을 찾지 못한다면 다원의 입장에서는, 홍차를 생산하는 입장에서는 쉽게 해결할 수 없는 큰 위기다.

이런 문제는 다르질링만의 문제도 아니고, 또 인도만의 문제도 아니다. 케냐에서는 이런 노동 문제를 기계화로 해결하려고 한다. 다원이 평원이기 때문에 가능하다. 하지만 그렇게 간단하지만은 않다. 기계화로 전환되면 현재 일하고 있는 수많은 다원 노동자가 일자리를 잃게 되기 때문이다. 현재 다르질링을 포함해 다원들이 안고 있는 현실이다.

기후 문제

기후 문제 또한 다르질링 지역만의 문제는 아니다. 2017년에도 아삼 지역 폭우로 브라마푸트라강이 범람했다. 이로 인해 강 주위에 있는 다원이 침수되어 아삼 차 생산량의 10퍼센트 정도가 감소되었다. 2018년에는 남인도 닐기리 지역에 100년 만에 홍수가 발생해 다원과 티 팩토리가 침수되고, 옥션이 폐쇄되는 등 차 산업에 큰 피해를 입혔다. 스리랑카, 케냐도 크게 다를 바 없다. 기상 이변으로 총 생산량의 10퍼센트가량이 피해를 입는 경우가 빈번하다.

다르질링 지역에 특히 타격을 주는 것은 봄 가뭄이다. 다르질링 홍차 중 가장 고가로 판매되는 퍼스트 플러시 생산이 타격을 입기 때문이다. FF는 보통 3월 초, 중순부터 시작해 4월 말까지 생산한다. 이 무렵 가뭄이 들면 생산 시기가 늦어지고 결국 생산 기간이 짧아지면서 생산량도 줄어들 수밖에 없다. 2013, 2014년에 봄 가뭄으로 피해를 입었고 특히 2014년에는 FF 생산량의 30~40퍼센트 이상이 감소되었다. 2019년 3월에는 폭풍이 오고 우박이 쏟아지는 등 흐린 날씨가 지속되어 평년보다 기온이 낮았다. 이로 인한 일조량 부족으로 FF 생산량 감소가 예상된다.

다르질링 홍차 생산량 감소의 또 다른 이유들

위에서 언급한 정치 문제, 노동 문제, 기후 문제 등은 홍차 생산지로서
의 다르질링 관점에서 본다면 모두 다 생산 물량의 감소를 가져온다. 생산
물량의 감소는 다원 소유주들에게도, 다원 노동자에게도 큰 타격을 입힌
다. 뿐만 아니라 다르질링 홍차를 선호하는 소비자 입장에서도 좋은 홍차
를 구하기가 어려워지고 가격이 인상된다는 뜻이기도 하다. 문제는 앞서
언급한 세 가지와는 상황은 다르지만 역시 생산량 감소로 이어지는 요인
들이 더 있다는 것이다.

고급화

다르질링 홍차의 고급화 경향이다. 여러 번 이야기한 것처럼 지난 10여
년간 차^{Tea}에 있어서 큰 흐름은 고급화다. 어떻게 보면 그런 고급화 추세의
가장 큰 혜택을 입은 곳이 다르질링 지역이기도 하다. 하지만 그 고급화에
대한 요구가 점점 더 강해지면서(소비자의 요구인지, 판매자의 마케팅인지는
모르겠지만) 더 많은 싹을 포함하려 하고 더 많은 어린잎으로만 홍차를 생
산하고 있다는 것이다. 이런 방식의 채엽과 가공은 결국 생산량 감소로 이
어질 수밖에 없다.

...
다양한 채엽 방법들.
어떻게 채엽하는가에 따라서
생산량이 달라진다.

이는 전 세계적 추세이긴 하지만, 생산량이 매우 한정된 다르질링 홍차 같은 경우에는 원래 적은 생산량이 더 줄어든다는 것을 의미한다. 이는 결국 가격 인상으로 이어지게 된다. (자세한 내용은 '11장 홍차의 지나친 고급화' 참조)

유기농

고급화 추세의 일환이라고 볼 수 있는 유기농 생산 방식도 역시 생산량 감소의 이유로 손꼽힌다. 다르질링 지역의 다원별 유기농 전환 비율이 2013년 58퍼센트, 2017년 71퍼센트까지 진행되어 2020년경에는 거의 100퍼센트 유기농 다원으로 전환될 예정이다. 다르질링 홍차의 주요 시장인 유럽에서 유기농 홍차에 대한 선호도가 높기 때문이다. 하지만 전 세계적으로 유기농 홍차 생산량은 아직은 아주 미미하다. 가장 생산량이 많은 나라가 인도인데, 대부분 다르질링 홍차다.

물론 차뿐만 아니라 모든 농산물의 경우에 '유기농'이라는 단어가 주는 안도감과 신뢰감은 크다. 문제는 유기농 차를 생산하는 데 여러 가지 어려운 점과 부작용이 있다는 것이다.

간단히 말하면, 생산 비용이 증가하고 생산량이 급감한다. 유기농으로 전환된 다원에서는 재래식 방법으로 할 때보다 생산량이 평균 25퍼센트 감소한다. 유기농으로 전환한 후 일시적 감소 추세를 보이다가도 토양이 안정되면 다시 생산량이 회복될 거라는 주장은 다르질링 지역에서 적어도 20여 년의 경험상으로는 사실이 아니라고 밝혀졌다고 한다.

정치 문제, 노동 문제, 기후 문제, 고급화 추세, 유기농 전환, 이 모든 것은 결국 생산량 감소로 이어져서, 생산자 입장(다원과 노동자 모두)에서는 이익이 줄어들고 소비자 입장에서는 가격이 높아지는 결과를 가져왔다. 다르질링 홍차처럼 특별한 테루아에, 제한된 생산량에다 열광적인 소비자를

보유한 지역이 더 그러할 것이다. 하지만 이 다섯 가지 문제는 심각성이 조금씩은 다를 수 있지만 홍차를 생산하는 전 세계 지역 및 다원 모두가 직면하고 있는 문제임이 분명하다.

다르질링 다원의 소유 구조

다르질링 지역에 87개 다원이 있지만, 소유주가 87명(혹은 개별 회사)인 것은 아니다. 일반 기업체와 마찬가지로 다원을 수십 개가량 소유하는 다원 회사도 많다. 이것 또한 다르질링 지역에 한정된 것이 아니고 인도, 스리랑카, 케냐 등 대규모로 차를 생산하는 국가 모두에 해당된다. 지난 수십 년간 다르질링 지역에서는 소수의 회사가(이들 중에는 글로벌 대기업도 있다) 매물로 나오는 다원을 모두 사들였고, 현재는 주요 몇 개 회사가 대부분의 다원을 소유하고 있다. 이들 대부분은 다르질링뿐만 아니라 인도 다른 지역에도 다원을 소유하고 있는 회사들로 콜카타 같은 대도시에 본사를 두고 있다.
다르질링 지역으로만 한정해서 보면 다음과 같다.

굿리케Goodricke 그룹
캐슬턴, 마가렛 호프, 터보 등 8개 다원을 소유하고 있다. 굿리케 그룹은 인

도 회사이지만 영국 회사인 카멜리아 피엘씨 유케이Camellia PLC UK의 계열사로, 런던이 지배하는 차 회사 가운데 인도에서 마지막까지 살아남은 것 중 하나다.

제이 슈레 그룹Jay Shree

6개 다원을 소유하며 다르질링 홍차의 약 11퍼센트를 생산한다.

암부샤 그룹Ambootia

11개 다원을 소유하며 다르질링 홍차의 약 12퍼센트를 생산한다.

차몽 그룹Chamong

13개 다원을 소유하고 다르질링 홍차의 약 20퍼센트를 생산한다. 다르질링에서는 가장 큰 그룹이다.

여전히 개인이 소유하는 다원들도 일부 있긴 하다.

다르질링 지역에서 역사가 가장 오래되고, 유명한 다원 중 하나가 마카이바리 다원이며, 다원 소유주인 라자 바네지Rajah Banerjee 회장 또한 여러 면에서 널리 알려진 사람이다.

이 마카이바리 다원도 2014년에 대형 차 회사인 룩스미Luxmi 그룹에 90퍼센트의 지분을 넘기고, 바네지 회장은 다원 회장으로서 관리만 한다. 자본이나 유통망 등에서 하나의 다원으로서는 한계가 분명하다고 하니 곧 대부분의 다원은 그룹 단위로 재편될 듯하다.

앞 장에서 다원의 정의를 다음과 같이 내렸다. "다원은 경계를 가진 일정한 면적을 가지고 다원 내부에 차나무를 재배하는 곳과 티 팩토리가 있으며 사람들을 고용해서 홍차를 생산하는 곳이다." 즉 다원에서 재배된 찻잎을 중심으로 다원 소유의 공장에서 홍차를 생산한다. 이 시스템은 인도와 스리랑카에서 19세기 중후반 영국인들이 구축한 것이다. 그리고 오랫동안 홍차는 이런 다원에서 생산되어 왔다.

홍차는 오랫동안 다원에서 생산되어왔지만 이제는 추세가 변하고 있다. 홍차가 꼭 다원에서만 생산되는 것은 아니라는 뜻이다.

소 규 모 찻 잎 생 산 자 / 찻 잎 구 매 차 가 공 공 장   1. STG / BLF

언젠가부터 개인이 다원 근처에 있는 (자신의) 땅에서 차나무를 재배하고 찻잎을 채엽해서 가공하지 않은 생 찻잎을 이웃에 있는 다원에 판매하게 되었다. 이런 사람들이 늘어나니 또 어떤 재력 있는 사람들은(혹은 정부가) 차 가공 공장Tea Factory을 설립해 근처에서 차나무를 재배하는 개인들로부터 찻잎을 구입해 차를 생산하게 되었다.

차나무를 재배해서 직접 가공하지 않고 생 찻잎을 판매하는 사람들을 스몰 티 그로어Small Tea Grower, STG(혹은 스몰홀딩Smallholding이라는 표현도 사용)라고 한다. 딱히 우리말로 번역하자면 소규모 찻잎 생산자라고 할 수 있다. 이들로부터 생 찻잎을 구입해(자신들이 차밭을 소유하고 차나무를 재배할 수도 있지만 주로 구입한다) 완성된 홍차로 가공하는 공장을 보트 립 팩토리Bought Leaf Factory, BLF(혹은 Bought Leaf Tea Factory로 쓰기도 한다)라고 한다. 찻잎 구매 차 가공 공장, 좀 길긴 하지만 뜻을 제대로는 담고 있는 듯하다.

이 STG/BLF의 결합체가 홍차를 생산하는 시스템은 기존 다원과는 많이 다르다. 그래서 홍차가 꼭 다원에서만 생산되는 것은 아니라는 뜻이다. 우리나라 홍차 애호가들에게는 굉장히 생소한 개념이지만 홍차를 제대로 이해하는 데 있어 매우 중요한 내용이다. 필자는 이를 차 전문지에 기고하는 글이나 필자가 운영하는 블로그를 통해 그리고 아카데미 수업에서도 강조해왔다.

어떤 이유로 중요한가?

주요 홍차 생산국에서 STG/BLF의 생산량이 매우 높은 비중을 차지하고 또 지속적으로 증가하고 있으며 새롭게 차 생산을 시작하는 신흥 차 생산국은 주로 이 방법을 택하기 때문이다. 케냐는 약 60퍼센트, 스리랑카는 약 73퍼센트 그리고 인도는 약 40퍼센트의 홍차가 STG/BLF 시스템으로 생산된다.

홍차가 다원에서만 생산된다고 알고 있었다면 아마 놀라운 수치일 수도 있다. 스리랑카를 예로 들자면 바로 위 숫자가 의미하는 것은 다원에서 생산되는 홍차는 27퍼센트에 불과하다는 뜻이다. 특이한 것은 스리랑카 STG/BLF는 주로 저지대에 많이 분포하고, 인도는 다른 국가에 비해

아삼 다원.

스리랑카 우바 지역 다원.

서 STG/BLF 비중이 낮은 데다, 아삼은 인도 내 다른 지역에 비해서도 특히 낮다는 점이다. 스리랑카 저지대와 아삼 지역, 이렇게 대조되는 두 지역이 STG/BLF 시스템에 대해 많은 것을 설명해준다.

이렇게 국가마다 특색이 있는 이유가 무엇인지, 같은 국가라도 지역에 따라 왜 비중이 다른지, STG/BLF 시스템이 차지하는 비율이 증가하는 이유는 무엇인지, 다원과 STG/BLF 생산의 장단점이 무엇인지를 알아보고자 한다.

STG/BLF의 장점과 단점

인도, 스리랑카, 케냐 등 주요 차 생산국은 대체로 가난한 나라들이며 일자리가 부족하다. 거대 회사의 대규모 다원에서만 차를 생산하는 환경이 아니라 가난한 주민 개개인이 생업으로 (생)찻잎을 생산할 수 있고 이 (생)찻잎이 판매가 된다면 주민의 경제생활에도 도움이 되고, 그 해당 국가의 홍차 생산량도 증가할 것이다. 이런 이유로 각국 정부는 대체로 이들을 지원하는 편이다. 다만 STG/BLF 시스템에는 단점이 있다.

다원에서는 재배하는 차나무 전체를 체계적이고 효율적으로 관리한다.

...
정해진 집하장에 STG가
찻잎을 갖다 놓는다.

채엽을 할 때도 균일성과 일관성을 중요시한다. 차 공장도 대체로 다원과
가까운 곳에 위치해 채엽 후 차 공장까지 이동 시간이 짧고 찻잎이 손상
될 여지도 적다.

　이런 다원에 비해 수백 수천 명의 독립된 소농STG들은 차나무 관리 방
법도 각각 다를 것이고 채엽에서의 일관성도 불가능하다. 또한 넓은 지역
에 분포하므로 차 공장까지 거리가 멀어 채엽 후 이송까지 시간이 지체될
것이며 먼 거리를 이동하면 찻잎도 손상될 가능성이 높다. 이런 찻잎으로
가공한 차는 일반적으로 품질이 떨어질 수밖에 없다.

STG/ BLF 비중이 낮은 아삼

　2016년 기준으로 인도 전체 생산량 중 STG/BLF가 차지하는 것이
34퍼센트인데, 닐기리로 알려진 남인도가 53퍼센트, 서벵갈주(다르질링, 두
어스, 테라이 지역이 서벵갈주에 속함)가 40퍼센트임에 반해 아삼은 28퍼센

트에 불과하다.

아삼은 1840년대 영국인들이 가장 먼저 본격적으로 다원을 개척한 지역으로, 브라마푸트라강 유역을 중심으로 다원이 밀집되어 있다. 다원과 생산량이 가장 많다보니 다원 연합체의 힘도 세다.

아삼 다원 연합체들은 위에서 서술한 STG/BLF의 단점을 들어 STG들의 차나무 재배를 반대한다. STG/BLF 시스템으로 생산된 낮은 품질의 홍차가 아삼 홍차 전체 이미지를 떨어뜨릴 수 있다는 이유에서였다. 나름 근거가 있는 주장이다. 스리랑카나 케냐보다는 초기에 형성된 다원이 많아 다원 중심인 인도는 전체적으로 STG/BLF에 부정적이다. 그중에서도 아삼에서 가장 강력하게 반대하다보니 아삼의 STG/BLF 비중이 가장 낮은 것이다.

STG/ BLF 비중이 높은 스리랑카 저지대

스리랑카에서는 약 73퍼센트가 STG/BLF 시스템으로 생산되며(2017년 기준) 이들은 주로 저지대에 위치한다. 스리랑카 홍차의 가장 큰 특징은 생산 지역을 고지대(1200미터 이상), 중지대(600~1200미터), 저지대(600미터 이하)로 고도에 따라 구분하고, 이 고도에 따라 홍차의 맛과 향이 다르다는 것이다. 일반적으로 고지대에 위치한 누와라엘리야, 딤불라, 우바 지역 홍차가 스리랑카를 대표하며 좋은 평가를 받아왔다. 반면 저지대에 위치한 사바라가무와, 루후나 지역에서 생산되는 홍차는 낮은 품질로 평가되어 싼 홍차를 필요로 하는 중동 지역으로 오랫동안 낮은 가격에 수출되어 왔다. 따뜻하고 습기 많은 기후 특징을 가진 저지대에서 생산된 홍차가 섬세함, 깔끔함 같은 고지대 특유의 맛과 향을 내지는 않는다. 하지만 낮은 평가를 받아온 이유는 이런 테루아의 영향만은 아니다. 영국인들이 먼저 다원을 개척한 곳은 고·중지대였고, 대규모 다원도 이 지역에 몰려 있다.

저지대는 1900년경 고·중지대보다는 다소 늦게 차나무 재배가 시작되면서 주로 스리랑카인 위주로 스몰 티 그로어들이 중심이 되었다. 따라서 저지대 홍차는 위에서 언급한 STG/BLF의 단점이 고스란히 드러날 수밖에 없었던 것이다. 그렇기에 스리랑카 홍차의 절반 이상을 생산하는 저지대 홍차가 오랫동안 낮은 평가를 받아온 것이다.

스리랑카 저지대의 변화를 통해 본 STG/BLF의 가능성

스리랑카 정부는 정책적으로 저지대 스몰 티 그로어들을 적극적으로 지원해왔다. 차나무를 재배할 수 있도록 토지 사용에 대한 혜택을 주고

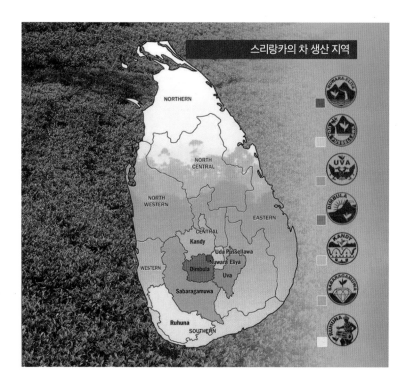

3. 스리랑카
저지대 홍차와
STG / BLF

· · ·
스리랑카의 7개
차 생산 지역.

누와라엘리야
우다 파셀라와
우바
딤불라
캔디
루후나
사바라가무와

BLF의 현대화도 도왔다. 그 결과 지난 20년간 고·중지대 생산 물량보다 저지대 물량이 훨씬 더 증가하여 2017년 기준으로 저지대 생산 물량이 스리랑카 전체 생산량의 65퍼센트 수준에 이르렀다. 이런 정부 지원 결과 생산량이 늘어나고 여기에 찻잎 구매 차 가공 공장BLF들을 중심으로 한 품질 개선 노력이 더해져 홍차 품질 또한 많이 개선되었다.

처음에 영국에 의해 대규모 다원 중심으로 시작된 스리랑카 차 산업은 현재는 생산량 기준으로 보면 STG/BLF 중심으로 전환되었다고 말할 수 있을 정도다. 그동안 제대로 평가받지 못했던 저지대 홍차 위상이 높아졌다고도 볼 수 있다. 그 한 사례가 저지대 지역이 최근 두 개 지역으로 분화되었다는 것이다.

오랫동안 스리랑카 차 생산 지역은 6개로 구분되었다. 고지대로는 누와라엘리야Nuwara Eliya, 우바Uva, 딤불라Dimbula, 우다 파셀라와Uda Pussellawa, 중지대로는 캔디Kandy, 저지대는 루후나Ruhuna였다. 4~5년 전부터 저지대 중에서도 조금 북쪽에 위치한 도시 라트나푸라를 중심으로 사바라가무와Sabaragamuwa 지역이 독립되어 저지대는 루후나, 사바라가무와 두 지역이 되었다.

이제 스리랑카 차 생산 지역은 7개로 구분한다. 생산 지역도 넓고 생산 물량도 많아지니 저지대 두 지역도 나름 구분될 만한 특징이 있을 것이다.

저지대 홍차의 대표 주자 뉴 비싸나칸데

이렇게 개선되고 있는 스리랑카 저지대 홍차의 매력을 전 세계에 알리고 있는 선두 주자가 뉴 비싸나칸데 티 팩토리New Vithanakande Tea Factory이다. 흔히 뉴 비싸나칸데 다원이라고 표현하지만 정확하게 말하면 뉴 비싸나칸데는 BLF다.

홍차를 공부하던 초기에 궁금했던 것 가운데 하나가 뉴 비싸나칸데 홍

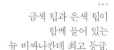

...
금색 팁과 은색 팁이
함께 들어 있는
뉴 비싸나칸데 최고 등급.

차였다. 외국 홍차 책에서 정보를 접하고 읽었으나 실물을 구
하기가 어려웠다. 2013년 런던과 파리에 갔을 때 포트넘앤메
이슨과 르팔레 데테에서 각각 구입해서 처음 마셔 보았다.

이 내용은 『홍차 수업』 265페이지부터 자세히 설명되어 있다. 맛
과 향의 특징에 대해서도 『홍차 수업』과 『철학이 있는 홍차 구매 가이드』
에 자세히 설명되어 있으므로 여기서는 생략하겠다.

뉴 비싸나칸데 홍차의 가장 큰 특징 중 하나는 이 공장이 생산하는 최
고 등급FBOPF1 EX Special에 함께 들어 있는 금색 팁Golden Tips, 은색 팁Silver
Tips이다. 이 은색 팁에 저지대 홍차 생산자들의 품질 개선 노력이
집약되어 있으므로 다소 자세히 설명하겠다.

...
골든 팁이 많이
들어 있는 홍차.

골든 팁과 실버 팁

좋은 홍차의 징표로 흔히 일컫는 골든 팁은 싹이 황금색으
로 변한 것이다. 홍차 가공의 핵심인 찻잎 산화과정에서 생 찻
잎에 들어 있는 엽록소가 검은색 색소인 페오피틴pheophytins으

···
백호은침 위조과정,
이를 통해 녹색 싹은
은색으로 변해간다.

···
완성된 백호은침, 엽록소가
증발해버린 결과다.

로 전환되어 완성된 홍차는 검은색에 가까운 찻잎 색을 띠게 된다. 싹에
는 엽록소가 상대적으로 적게 들어 있어서 짙은 색까지는 되지 못하고 황
금색으로 되며, 이것을 골든 팁이라 부르면서 좋은 홍차의 상징으로 여기
는 것이다.

　같은 싹으로 만든 것이라도 백호은침 같은 백차는 가공과정에 유념이
없어 싹이 상처를 입지 않는다. 따라서 그나마 싹에 조금 들어 있는 엽록
소마저 위조과정을 거치면서 증발해버려 은색 팁으로 변하는 것이다

동일한 싹이 홍차에서는 골든 팁으로, 백호은침에서
는 실버 팁으로 다른 색을 띠는 것은 위에서 언급한 대로
유념과정 때문이다. 유념과정을 통해 싹이 상처를 입게 되면
황금색으로, 유념과정이 없어 싹이 상처를 입지 않으면 은색으로
변하는 것이다. 물론 백호은침은 채엽, 위조, 건조의 단순한 가공과정을
거치므로 산화과정도 없다.

다르질링 FF.

다르질링 FF와는 다른 경우

최근의 다르질링 FF 중 등급이 높고 고가인 것은 싹을 아주 부드럽게
유념하며, 따라서 산화 또한 아주 약하게 되기 때문에 분명 홍차임에도 솜
털이 보이는 하얀색 실버 팁들도 많이 있다. 찻잎도 함께 유념이 약하게
되고 산화도 약하게 되어서 찻잎 또한 연녹색이다.

하지만 뉴 비싸나칸데 홍차는 싹에 금색과 은색이 섞여 있고 잎은 짙
은 갈색이다. 바로 앞 부분을 집중해서 읽었다면 홍차 싹과 잎의 이런 구
성(골든팁과 실버팁이 섞여 있는)이 가능하지 않다는 것을 눈치챘을 것이다.
이 점은 필자 역시 오랫동안 궁금했던 점이고 직접 공장을 방문해서야 그
이유를 알 수 있었다. 그리고 이 작은 호기심에서 시작한 것이 STG/BLF
를 이해하게 되는 단초가 되었다.

연결된 유념기

뉴 비싸나칸데 공장에서는 4대의 유념기를 연결하여 연속적으로 4번
의 유념을 하고 있었다. 즉 위조된 한 배치Batch의 싹과 잎을 1번 유념기에
서 압력 없이 아주 약하게 유념한다. 즉 싹에 거의 상처를 주지 않을 정도
로 부드럽게 하는 것이다. 이렇게 부드럽게 유념한 후 싹과 잎 전체를 진동
하는 그물망 콘베이어 벨트를 통해 2번 유념기로 보낸다. 2번 유념기로 이

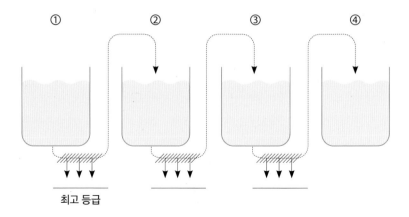

①　　②　　③　　④

최고 등급

동 중에 크기가 작은 싹과 어린잎은 진동하는 그물망 아래로 떨어진다. 이
것만 따로 모은 것이 골든 팁과 실버 팁 비율이 높은 최고 등급이 되는 것
이다.

싹과 잎은 크기가 다르니 부드럽게 유념해도 어린잎은 상처를 입어 색
상이 짙어지고 싹 중에서도 상처를 입은 것은 금색, 상처를 입지 않은 것
은 은색으로 되는 것이다. 싹과 어린잎은 이렇게 1번 유념기에서 한 번만
유념된다.

1번 유념기에서 한 번 유념되고 2번 유념기로 넘어온 남아 있는 찻잎들
은 1번보다는 좀더 강하게 유념된 후 마찬가지로 진동하는 그물망 콘베이
어 벨트를 통해 3번 유념기로 보내어진다. 이 과정에서 1번과 2번 유념기
사이에서 떨어진 싹과 어린잎보다는 좀더 큰 잎이 아래로 떨어진다. 3번
유념기에서는 좀더 강하게 유념되고 마찬가지 과정을 거치면서 4번 유념
기로 보낸다. 이 연속 유념기 시스템의 목적은 처음 한꺼번에 들어간 싹과
잎을 크기에 따라서 아주 작은 것은 한 번, 제일 큰 것(거친 찻잎)은 네 번
유념하기 위해서다.

유념기 4대를 연결한 이유

다시 설명하면, 연결된 4대의 유념기를 사용하는 가공과정의 핵심은 "다른 조건에서 채엽한 싹, 어린잎, 큰 잎을 한꺼번에 모으면 크기나 부드럽기가 다양할 수밖에 없으므로" 한 대의 유념기로 한 번만 유념할 때 다양한 찻잎 각각에 적합한 정도의 유념을 할 수 없는 단점을 해결하는 데 있다. 즉 큰 잎을 기준으로 너무 강하게 유념하면 싹과 어린잎이 지나치게 상하게 되고, 싹과 어린잎 위주로 부드럽게 유념하면 큰 찻잎은 제대로 유념이 되지 않는 문제점을 해결한 것이다.

한 학급에 수준이 다른 60명의 학생이 있으면 선생님이 누구에게 초점을 맞춰 수업을 할지 판단하기 어렵다. 반면 수준이 비슷한 15명씩 나누어 4명의 선생님이 가르치면 훨씬 효율적인 수업이 될 것이다. 4대 유념기로 하는 연속 생산과정의 장점은 싹과 찻잎의 크기와 여린 수준에 맞춰 유념 강도를 조절할 수 있어 각 등급별로 최적의 맛과 향을 낼 수 있다는 것이다.

STG/BLF 단점의 해결법 1

위에서 언급한 "다른 조건에서 채엽한 싹, 어린잎, 큰 잎을 한꺼번에 모으면 크기나 부드럽기가 다양할 수밖에 없으므로"라는 문장이 의미하는 바를 다르질링 홍차 기준에 비춰보고 다르질링 홍차 등급 분류법과 비교하여 살펴볼 필요가 있다.

다르질링 홍차는 채엽 단계에서 비교적 비슷하고 균일하게 찻잎을 선택한다. 그리하여 등급도 비록 인플레이션이 약간 있다고는 하지만 싹의 유무와 싹의 많고 적음에 따라 SFTGFOP/FTGFOP/TGFOP/GFOP/FOP/OP/Pekoe 등으로 구분한다.

이렇게 채엽을 구분해서 할 수 있는 것은 다원이 어느 경계를 가진 한

다원에서 채엽은
이렇게 관리자의 통제 속에서 이뤄져
일관성과 균일성을 가진다.

구분해서 채엽한 찻잎은
구분되어 차 공장으로
이동한다.

모두 이런 식으로 공정에 도착하는 것은 아니겠지만,
찻잎 관리에서 다원과 분명하게 구별된다.

...
필자가 뉴 비싸나칸데
공장에 2시간 정도
머무르는 동안 이렇게
주위에서 채엽한 찻잎을
가지고 오는
STG들이 있었다.

울타리 형태로 구분이 되며 다원 관리자가 이를 통제할 수 있을 때 가능한 것이다. 만약 구분해서 채엽할 수 있다면, 구분되어 채엽된 찻잎의 등급과 조건에 맞추어 (싹과 어린잎이 많으면 부드럽게, 큰 잎이 많으면 다소 강하게) 유념하면 되는 것이다.

그런데 스리랑카 저지대에서는 앞서 언급한 대로 다원 형태가 아닌 수천 명의 소규모 찻잎 재배자Small Tea Grower가 각자 조그만 차밭을 가지고 차나무를 재배하고 찻잎을 채엽하는 경우가 대부분이다. 뉴 비싸나칸데 티 팩토리는 전형적인 BLF다. 즉 가공 공장만 소유하고 찻잎은 주위에 있는 수천 명의 STG에게서(사장은 5000명이라고 말했다) 찻잎을 구매하는 것이다. 이런 경우 공장 입장에서는 각 STG들이 어떤 수준의 찻잎을 가져오는지 파악할 수 없고, 따라서 매일 다양한 찻잎들이 뒤섞여 공장으로 들어올 수밖에 없는 것이다.

결국 찻잎 구분은 공장에서 해야 하는데, 일평균 22톤(최근 기준)에 이르는 생 찻잎을 싹과 어린잎, 큰 잎으로 일일이 구분하는 것은 불가능하다. 따라서 일단 한꺼번에 위조한 다음 유념과정에서 구분해야 한다. 이러

다보니 유념을 4단계로 나눌 필요가 생긴 것이다.

저지대의 문제점

저지대 홍차 생산량은 스리랑카 전체 생산 물량의 65퍼센트가량을 차지한다. 그러면 당연히 차를 재배하는 면적도 이 정도 수준이 되어야 한다.(기후와 채엽 스타일을 고려할 때 단위 면적당 생산량은 저지대가 고지대보다 조금 높을 수 있다.)

매번 홍차 여행을 갈 때마다 느끼는 것이지만, 딤불라, 우바, 누와라엘리야 지역에서는 그야말로 눈이 녹색으로 바뀔 정도로 차나무를 많이 봤고 그 규모 또한 엄청나다. 하지만 2018년 3월 사바라가무와, 루후나 지역을 이동할 때에는 대규모 차밭을 본 적이 거의 없다.

물론 고지대는 산악 지대였으므로 입체감이 있는 지형이어서 다원들이 눈에 더 잘 띄었을 것이다. 반면에 저지대는 비교적 평원 지대이며 길가에 숲이 우거져 있어서 도로에서 떨어져 조금만 안에 있어도 차밭이 보이지 않을 수 있다. 이를 감안하더라도 지나칠 정도로 차밭이 보이지 않았다.

...
스리랑카 루후나 지역의 어느 다원에서 찍은 사진. 필자가 머무는 동안 STG들이
찻잎을 계속 가지고 왔다. 찻잎들이 균일해 보이지는 않는다.

결국 넓은 지역에 차밭이 띄엄띄엄 흩어져 있을 것이라고 추측했다. 반면 일요일임에도 큰 도로에 생 찻잎을 싣고 이동하는 차량들은 간간히 보였다. 이런 모습은 다르질링 지역이나 스리랑카 고지대에서는 보기 드문 광경이다.

…
사바라가무와 지역을
국도로 이동할 때 움직이는
차에서 찍은 사진.
많이 흔들리긴 했지만
고지대에서는 매우
보기 드문 장면이다.

결국 뉴 비싸나칸데 티 팩토리 같은 경우도 수십 대의 트럭을 동원해 넓은 지역에 흩어져 있는 5000명의 STG에게서 (결국 5000개의 독립된 작은 규모의 차밭에서) 찻잎을 구입해오는 것이다.

이렇게 보면 저지대 홍차가 저평가될 수밖에 없는 이유가 납득이 된다. 앞에서 언급한 STG/BLF 단점 그대로다. 채엽된 찻잎이 균일하고 채엽 시점도 비슷해야만 완성된 차 품질이 좋은데, 저지대는 이렇게 하기가 어렵다. 운반할 트럭의 수도 한정되어 있을 테니 동시에 수거하기도 어려웠을 것이다.

STG/ BLF 단점의 해결법 2

이런 단점을 극복하기 위해 정통 홍차를 주로 생산하는 여느 지역 공장들과 달리(다르질링, 스리랑카 고지대 등) 위조 후 유념기에 들어가기 전에 찻잎에서 이물질을 제거하는 클리닝 과정이 있었다. 워낙 많은 곳에서 찻잎을 가져오니 찻잎 외 이물질이 들어 있기도 하기 때문이다. 이 클리닝 과정은 보통은 거친 찻잎을 가공하는 CTC 가공과정에 포함되어 있다. 이외에도 나름대로 품질 향상을 위해 여러 방안을 실행하고 있었다. 차나무 재배법에 관한 최신 정보를 지속적으로 교육시키고, 외진 곳에는 도로도 부설하는 등 STG들의 생활 수준 향상을 돕고 있었다. 각 STG들에게 고유 번호를 부여하고, 그 번호가 표시된 자루만 사용하게 하여 각 STG들이 공급하는 찻잎 수준을 평가해 그에 맞는 적절한 보상을 하기도 했다. 오랫동안 같이 협력하면서 어느 정도 신뢰가 쌓여 있는 듯했다.

100그램에 35파운드 가격의 뉴 비싸나칸데 홍차 - 포트넘앤메이슨

최근 들어 뉴 비싸나칸데New Vithanakande는 저지대 홍차 중 가장 품질이 뛰어나다고 인정받고 있다. 적어도 현재 기준으로 보면 스리랑카 홍차 중에서 가장 최고로 인정받는다고 해야 할지도 모르겠다. 필자가 이상하게 생각하는 것 중 하나는 다양한 다원차를 판매하는 것으로 유명한 마리아주 프레르가 '뉴 비싸나칸데' 홍차는 취급하지 않는다는 것이다. 반면에 포트넘앤메이슨은 오래전부터 거의 매년 꾸준히 판매해왔다. 포트넘앤메이슨은 몇 년 전부터 나름 품질 좋은 다원차를 정사각형 나무 상자에 넣어 약간 고가로 판매해오고 있다.

...
포트넘앤메이슨의
뉴 비싸나칸데.

스리랑카 홍차 중에서는 누와라엘리야 지역의 러버스 립 다원 홍차만 몇 년째 판매하고 있다. 90그램에 21파운드라는 아주 고가로 말이다. 21파운드는 일반적인 홍차 가격으로도 고가이지만 스리랑카 홍차로는 정말 엄청난 고가에 속한다. 그런데 2018년 가을 무렵부터 처음으로 나무 상자에 든 뉴 비싸나칸데 홍차 최고 등급FBOPF1 EX Special을 판매하고 있다.

그것도 100그램에 35파운드라는 정말 엄청난 가격으로. 이전에는 봉투에 넣어 15파운드 가격에 판매했다.

홍차 가격이 반드시 품질에 비례하는 것은 아니지만, 스리랑카 저지대 홍차의 쾌거라고 감히 말할 수 있겠다.(가격이 15파운드짜리 뉴 비싸나칸데와 35파운드짜리의 맛과 향의 차이는 섬세함에 있다. 특유의 맛과 향은 다소 약해지고 미세하고 부드러운 복합미가 두드러졌다. 호불호가 있을 수 있다고 생각한다.)

스리랑카 홍차 등급

뉴 비싸나칸데 차 공장에서 생산하는 가장 높은 등급이자 가장 유명한 등급은 FBOPF1 EX Special이다. 플라워리 브로컨 오렌지 페코 패닝 1 엑스트라 스페셜Flowery Broken Orange Pekoe Fannings 1 EX Speical이라고 읽는다. 패닝은 일반적으로 홀 립, 브로컨 아래 등급으로 입자 크기가 아주 작다. 보통 티백용으로 많이 사용된다. 많은 싹과 큰 잎들로 이루어져 있다는 것을 한눈에 보아도 알 수 있는 뉴 비싸나칸데 최고 등급에 어째서 패닝을 뜻하는 단어가 들어 있을까? 이 또한 필라피티야 사장에게 물어보니 많이 받은 질문이라는 듯이 웃었다. 오래전부터 뉴 비싸나칸데에서 사용해오던 등급이라 그대

뉴 비싸나칸데 판매용 제품 카탈로그.

로 사용한다고 답했다. 실제로 생산된 상태를 보고 등급을 매기는 것이 아니라 등급명이 하나의 제품명 역할을 한다는 뜻이었다.

실제로 스리랑카는 인도 등급과는 아주 다르게 사용된다. 소위 '높은' 등급이 별로 없다. FBOP, OP, OP1, BOP, BOPF, Pekoe 이런 것들이 대부분의 스리랑카 홍차 등급이다. 누와라엘리야 지역 인버니스Inverness 다원도 FBOPF EX Speical 1이라는 등급을 사용하는데, 뉴 비싸나칸데처럼 패닝 크기는 전혀 아니고 싹도 꽤 있는 홀 립 크기다. 인버니스 다원은 어떤 이유로 이런 등급을 사용하는지 알 수 없지만 적어도 스리랑카 홍차를 다르질링 기준의 등급으로 판단해서는 안 된다.(홍차 등급에 관련해서는 전작 『홍차 수업』 25장에 설명되어 있다.)

뉴 비싸나칸데 티 팩토리

이 차 공장은 현 사장인 필라피티야N.B.H. Pilapitiya의 아버지가 1940년에 설립했고 1981년부터 필라피티야가 운영을 맡고 있다. 1981년 하루 800킬로그램에 불과한 생 찻잎을 구입하던 수준에서 현재 일 평균 22톤을 구입해 월 평균 140톤의 완성된 차를 생산하는 규모가 엄청 큰 공장이다.(다르질링 다원 하나의 연 평균 생산량이 100톤 정도다.)

2018년 3월 필자는 아카데미 졸업생들과 스리랑카 홍차 여행 중 이곳을 방문했다. 공장 입구에는 다원Estate이라는 말 대신 뉴 비싸나칸데 티 팩토리New Vithanakande Tea Factory라고 적혀 있었다.

70세가 훨씬 넘어 보이는 풍채 좋은 노신사인 사장은 우리를 자신이 머무는 저택에 초대해서 부인과 함께 직접 차와 티 푸드를 대접하는 등 호인의 풍모를 보였다. 전 생산과정을 같이 돌면서 직접 설명해주기도 했다. 자신이 생산하는 홍차뿐만 아니라 5000여 명의 STG와 공생관계를 맺고 있다는 것에도 큰 자부심을 가지고 있었다. 공장 입구에는 2017년 스리랑

...
1867년 제임스 테일러가 룰레콘데라 다원을 세운 것을 스리랑카 홍차의 시작이라고 본다. 2017년 150주년 행사를 성대히 치렀다.

카 홍차 생산 150주년 기념식에서 필라피티야 사장이 대통령으로부터 표
창장을 받고 있는 모습이 담긴 큰 입간판이 걸려 있었다. 최근 주목받고
있는 저지대 홍차의 위상을 보여주는 듯했다.

변화하는 추세 - 아삼 STG/BLF의 변화

2017년 인도 차 협회는 당면 과제 1순위가 인도 차 생산의 약 35퍼센
트를 차지하는 스몰 티 그로어의 지원이라고 밝혔다.(2019년 5월 21일자 언
론 보도에 따르면, 2018년 STG 생산량이 인도 총생산량의 48퍼센트라고 한다.)
그동안 다원과 공정한 경쟁이 어려웠음을 인정한 것이다. 4장에서 다르질
링의 낮은 임금과 열악한 노동 조건을 언급했다. 아삼 역시 더했으면 더했
지 덜하지 않다.

하지만 이것이 다원 측의 욕심 때문만은 아니다. 다원 입장에서는 오히
려 정부가 지나치게 간섭한다고 주장한다. 홍차의 판매 가격은 올릴 수 없
는데, 다원으로 하여금 고용하고 있는 노동자들의 복지에 대해 지나친 부
담을 안기고 있기 때문이다. 다원 사업이 이익이 나지 않으니 품질 개선을
위한 재투자도 어렵고, 생산량 증대에도 소극적인 것이 다원의 현실이다.

따라서 홍차 생산량을 증대하고픈 인도 정부는 STG를 지원할 수밖에

...
다르질링, 아삼, 닐기리 등지의 지역 마크들.

...
유기농 스몰 티 그로어
연합회 로고.

없다. 지난 150여 년 동안은 브라마푸트라강 유역을 중심으로 주로 아삼주에서만 홍차가 생산되었다. 이제는 아삼주 주위의 나갈랜드, 아루나찰 프라데시, 마니푸르 같은 주에서도 숲을 개간해 차나무를 재배하는 STG의 수가 늘고 있다.

앞으로 아삼을 포함한 인도에서도 STG/BLF 비중이 높아지는 것은 피할 수 없는 추세다. 하지만 분명한 점은 품질 저하의 가능성이 있다는 것이다. 스리랑카 저지대를 교훈 삼아 잘 극복하기를 기대한다.

4. 중국 홍차 생산 시스템 - 윈난성을 중심으로

오랫동안 홍차는 다원에서 생산되어 왔지만(4장) 이제는 추세가 변하고 있다. 홍차는 꼭 다원에서만 생산되는 것은 아니다(5장).

인도나 스리랑카만을 두고 보면 위 문장이 맞다.(여기서 인도와 스리랑카는 중국 외 홍차 생산국을 대표한다.) 하지만 인도와 스리랑카에서는 현재 우리가 마시고 있는 음료로서의 차를 과거에는 재배하거나 생산하지 않았다. 영국이 자국의 홍차 수요를 충족시키기 위한 목적으로 인도에서 생산 시스템을 본격적으로 갖춘 것은 1860년대 전후이며 스리랑카는 그 이후다. 따라서 4장에서 설명한 것과 같은 '다원 시스템'을 구축할 수밖에 없었다.

하지만 오랫동안 차를 마셔온 중국은 상황이 다르다. 기본적으로 자신

...
전홍집단 전경.

들이 마실 차를 스스로 생산하는 소규모 시스템을 갖추고 있었다. 그렇기에 1600년대 초반 무렵 차가 처음 유럽으로 갈 때부터 중국에는 다원 개념이 없었다. 농부 개개인이 생산한 차를 (녹차든 홍차든) 우리나라로 치면 면 단위, 군 단위, 도 단위로 모아서 보낸 것이다. 어떻게 보면 중국 차 생산 시스템은 지금까지도 이런 형태를 크게 벗어나지 않고 있다.

윈난성 린창시 펑칭현에 위치한 '전홍 그룹滇紅集團'은 1939년 윈난에서 홍차를 처음 생산한 펑칭차창을 이어받은 차 회사로, 본사와 공장을 겸하고 있어서 규모가 굉장히 컸다. 2017년 생산량이 5000톤 정도이며 약 85퍼센트의 물량이 홍차로 생산되었다.

2019년 3월에 이곳을 방문했을 때 1시간 정도 떨어진 숙소에서 회사까지 이동할 때나 회사 주위에서도 이만한 양을 생산할 수 있는 대규모 차밭을 보지 못했는데 이 점이 특이했다. 다르질링 전체 연평균 생산량이 8000~9000톤 규모이고 다르질링 차밭 규모를 아는 필자로서는 다소 의외였다.

또한 공장도 규모는 크지만 인도와 스리랑카의 티 팩토리처럼 생 찻잎을 가져와 위조와 유념, 산화를 거쳐 완성된 홍차를 만드는 것이 주된 목적은 아닌 듯했다. 확인해보니, 전홍 그룹은 85개의 초제소를 가지고 있다고 했다.

초 제 소

초제소初製所는 차를 처음 만드는 곳(혹은 1차로 만드는 곳)이라는 의미인데, 이는 다음 단계 혹은 (2차로) 만드는 과정이 또 있다는 말이기도 하다. 이 초제소는 어떻게 보면 중국 차 가공의 독특한 부분이기도 하고 인도와 스리랑카의 STG/BLF 시스템과 매우 유사하기도 하다.

찻잎은 채엽되는 순간부터 시들기 시작하면서 산화가 진행된다. 따라서

윈난성의 다양한 차밭 모습들.
인도나 스리랑카와는 달리
소규모이고 마을 가까이
있는 것이 많았다.

가능한 빠른 시간 내 가공해야만 품질이 좋아진다. 인도와 스리랑카에서는 대체로 티 팩토리를 중심으로 다원이 형성되었기에(영국인들이 인위적으로 만들었기 때문에 대량 생산을 위한 효율성이 최우선이었다) 채엽 후 티 팩토리까지 이동 시간이 짧은 편이다. STG/BLF 시스템은 다원의 이런 장점을 갖지 못하고 상대적으로 장거리 운송에서 비롯되는 단점이 있다고 앞서 설명했다. 그럼에도 인도나 스리랑카에서 STG들이 채엽한 찻잎을 BLF로 옮기는 시간은 그렇게 길지는 않다.

하지만 중국은 (직접 윈난성 남부를 방문하고, 자료를 통해 얻은 지식까지 종합해보면) 차밭이 광범위하게 퍼져 있기에 생 찻잎을 차 공장까지 이동하는 데 시간이 오래 걸린다.(차 산지의 과거 도로 사정과 운반 차량 수준 등을 감안하면 더더욱.) 따라서 소규모 차 공장을 곳곳에 세워 그 근처에서 채엽된 찻잎을 가공할 수밖에 없었고 이 공장을 초제소라 부른다. 이렇게 가공된 차를 대형 차 공장으로 가져오는 것이다.

따라서 초제소는 인도와 스리랑카의 티 팩토리처럼 실제로 차를 만드는 곳이라고 보면 된다. 그리고 더 정확하게는 이 개별 초제소가 주위에서 재배된 소규모 재배자들의 찻잎으로 차를 가공한다는 측면에서 보면 (규모는 작겠지만) BLF 개념이다.

전홍 그룹은 이런 초제소 85개를 가지고 있으면서 여기서 생산된(완성된) 홍차를 필자가 방문한 모공장으로 가져와 블렌딩과 포장 등 가공을 하는 것이다. 따라서 인도나 스리랑카 식으로 보면 소규모 BLF를 85개 갖고 있다고 보면 된다.

중국 vs. 인도/스리랑카: 비슷하지만 다른 STG/BLF 시스템

인도와 스리랑카의 STG/BLF 시스템은 생 찻잎을 제공하는 스몰 티

...
'전흥 그룹'의 차 연구소인
'전흥 그룹 차엽 과학연구원'에
있는 초제소.

...
다양한 초제소의 모습.
주로 보이차를 생산하는 곳이며
보이차 또한 생산 시스템은
홍차와 비슷하다.

그로어STG와 차를 가공하고 판매까지 담당하는 보트 립 팩토리BLF '두 단위'로 이루어져 있다.

반면에 중국은 찻잎을 제공하는 소규모 재배자들STG과 이 찻잎으로 '차로만 가공하는' 초제소와 이곳에서 가공된 차를 모아서 블렌딩과 판매를 담당하는 모공장, 이렇게 '세 단위'로 이루어져 있는 것이다.

여기에서 오는 차이가 크다. 인도와 스리랑카의 STG/BLF 시스템은 생 찻잎은 개별 STG들로부터 구입한다고 해도 가공 공장BLF 자체는 한 곳이므로 완성된 홍차의 품질 면에서 어느 정도 일관성을 보인다. 하지만 중국은 개별 STG들로부터 생 찻잎을 구입해 가공은 개별 초제소에서 한 뒤 완성된 차를 모공장으로 가져온다는 점에서 큰 차이가 있다. 어떻게 보면 전흥집단은 85개의 초제소로부터 85개의 수준 혹은 품질이 다른 홍차를 모으는 것이다. 결국 전흥집단 같은 차 회사의 본부는 판매하는 차의 품질 수준 유지와 일관성을 위해 각 초제소에서 가져온 차를 다양한 등급으로 구분하여 블렌딩하는 것이 가장 중요한 일이다.

그렇기에 중국 홍차에는 인도나 스리랑카와는 달리 오랫동안 '다원' 개념이 없었던 것이다. 유럽의 차 회사에서 판매되는 중국 홍차 역시 품질에 의한 등급으로만 구분할 뿐 생산자를 강조하는 경우는 거의 보지 못했다.

중국 생산 시스템의 변화

최근 들어 중국에서도 일정 면적을 가지고 체계적으로 관리되는 차밭과 여기서 채엽된 찻잎으로 독립된 티 팩토리에서 일관성 있는 홍차를 생산한다는 면에서 인도·스리랑카 스타일의 '다원'이 생기고 있다. 중국 '다원'에서 생산된 '중국 홍차'의 맛과 향을 기대해본다.

제3부

홍차의 과학

1. 홍차의 맛과 향의 차이는 어디에서 오는가

…
사무실에 있는 홍차들 중 일부.
차의 가짓수는 점점 더
늘어나고 있다.

홍차에는 어떤 성분들이 들어 있는가? 이 성분들은 홍차의 맛과 향에 어떤 영향을 미치는가? 그리고 건강에는 어떤 장점들이 있는가?

이 세상에는 수백 수천 가지 홍차가 있다. 필자의 사무실에도 홍차가 500~600종 있다. 왜 이렇게 많은 홍차를 가지고 있는가? 홍차 각각의 맛과 향이 다르기 때문이다.

그러면 수백 가지 홍차의 맛과 향이 다른 이유는 무엇인가? 크게 4가지 이유를 들 수 있다. 차나무 품종, 차나무 재배 지역 즉 원산지, 가공 방법에서의 차이들이다. 그리고 네 번째가 블렌딩이다. 블렌딩은 이미 완성

된 차를 판매 회사가 자신만의 독특한 맛과 향으로 블렌딩한다는 의미다. 이 관점에서 보면 생산지의 차 공장에서 차가 만들어지는 과정에 영향을 미치는 앞의 세 가지와는 성격이 다르긴 하다. 여기에서는 우선 차나무 품종, 원산지, 가공 방법에 대해 상세히 알아보도록 하겠다.

차나무 품종

카멜리아 시넨시스*Camellia sinensis*라는 학명을 가진 차나무는 크게 중국 소엽종, 아삼 대엽종으로 분류하지만 사실은 수백 가지 품종이 있다. 더구나 자연에서 발견되는 품종 외에도 끊임없이 개량해서 새로운 품종을 만들어내고 있다. 현재 인도, 스리랑카, 케냐 등 차를 많이 생산하는 나라에서는 거의 다 새롭게 개발된 다양한 특징을 가진 품종들을 사용하고 있다. 그 지역의 토양이나 기후에 적합하거나 맛이나 향에서 원하는 속성을 가지고 있거나 혹은 가뭄에 강하거나 해충에 저항력이 있다든지 등의 선호되는 속성이 있는 것이다. 어쨌거나 같은 다르질링 지역, 같은 누와라엘리야 지역에서 생산된 홍차라도 어떤 차나무 품종의 잎을 사용해서 홍차를 만드느냐에 따라서 맛과 향이 달라질 수밖에 없다.

···
대엽종(좌)과
소엽종(우) 찻잎.

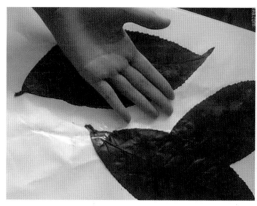

···
아삼에 있는
토클라이 연구소에서
개발한 품종 모수들.

···
누와라엘리야 페드로
다원 묘목장.

재 배   지 역 / 원 산 지

정확하게 말하면 재배 지역의 자연 환경 즉 테루아^{Terroir}다. 테루아는
어떤 식물이 자라는 데 영향을 주는 요소를 일컫는 것으로 보통 그 지역
의 기후, 고도, 토양, 강수량, 바람, 햇빛, 경사도, 배수 조건을 통틀어 말한
다. 과거에는 주로 와인의 다른 맛과 향의 원인을 언급할 때 많이 사용되
었으나 지금은 우리가 의식하든 못 하든 거의 모든 농산물과 연관 지어
말한다. 우리가 과일 하나를 살 때도 참외는 성주, 수박은 고창, 단감은 진

영 이런 식으로 생산지를 연관시키는 것이 바로 테루아를 의식한다는 것이다. 참외는 성주에서 생산한 것이 제일 맛있다고 하는 것은 성주의 기후, 토양, 햇빛 등이 다른 어떤 지역보다 참외를 맛있게 하는 데 영향을 미친다고 여기는 것이다. 마찬가지로 똑같은 품종을 심어도 다르질링에서 생산된 홍차냐, 누와라엘리야에서 생산된 홍차냐에 따라서 맛과 향이 달라진다는 것이다. 하동의 차나무를 다르질링에서 심어 녹차를 만들어도 하동에서 생산된 녹차의 맛과 향과는 같을 수 없고, 다르질링의 차나무를

...
어떤 상태의 찻잎을
어떻게 채엽하느냐는
생산자가 결정한다.
따라서 채엽도
가공 단계에 포함된다.

하동에 심어서 홍차를 만들어도 다르질링 홍차의 맛과 향과는 같을 수 없다는 뜻이다.

가 공 방 법

　가공 방법은 크게 두 단계로 나눌 수 있다. 찻잎 채엽 단계와 실제 가공 단계다. 채엽 단계가 중요한 것은 지역이나 품종이라는 조건이 동일한 경우에도 어떻게 채엽을 하느냐에 따라 최종 완성된 홍차의 맛과 향이 다르기 때문이다. 이 말은 채엽 단계에서부터 차를 만들고자 하는 생산자의 의도가 영향을 미친다는 것이다. 즉 채엽 시 싹을 포함할 것인가, 어린잎 위주로 할 것인가, 다 자란 잎 위주로 할 것인가, 찻잎을 3개 혹은 5개를

...
스리랑카 페드로
다원의 유념기와 실제로
유념되고 있는 모습.

채엽할 것인가를 채엽하는 사람이 결정한다는 것이다. 어떻게 채엽하느냐
에 따라서 차의 맛과 향이 달라진다.

　이렇게 채엽된 찻잎으로 위조를 짧게 하느냐, 길게 하느냐, 유념을 강하
게 하느냐, 약하게 하느냐, 산화를 짧게 (약하게) 하느냐, 길게 (많이) 하느냐
하는 실질적인 가공 방법에 따라서 또 차의 맛과 향이 달라진다.

싹과 어린잎의 장점

일반적으로 싹과 어린잎으로 만든 차를 좋은 차라고 여긴다. 맛과 향이 가장
좋기 때문이다. 왜 싹이나 어린잎으로 만든 차가 맛과 향이 가장 좋을까?
싹과 어린잎에는 성장에 필요한 당분과 아미노
산이 많이 들어 있다. 벌레와 곤충들은 주
로 식물을 먹이로 하는데, 연약한 데다
맛있는 당분과 아미노산까지 많이 함
유하고 있는 싹을 특히 좋아한다. 그
러다보니 벌레와 곤충들의 공격으로
부터 방어하기 위해 떫은맛의 폴리페

...
싹의 모습.

놀과 쓴맛의 카페인이 싹과 어린잎에 많이 들어 있는 것이다. 폴리페놀과 카페인은 벌레와 곤충들에게 불쾌한 고통을 준다고 한다. 당분, 아미노산, 폴리페놀, 카페인 등 차의 맛과 향에 영향을 미치는 성분들이 싹과 어린잎에 가장 풍부한 이유다. 식물의 생존과 성장에 반드시 필요한 당분, 아미노산 등을 1차 대사산물, 곤충과 벌레로부터 식물의 방어용 무기인 폴리페놀, 카페인 등을 2차 대사산물이라는 용어로도 사용한다.

2. 홍차의 맛과 향을 내는 성분

찻 잎 속 차 성 분 의 차 이

이렇게 홍차의 맛과 향에 영향을 미치는 세 가지 요소에 대해서 알아보았는데, 이 요소들은 어떤 과정을 거쳐 홍차의 맛과 향에 영향을 미칠까?

홍차의 맛과 향이라는 것은 마실 수 있는 액체 상태의 홍차에서 나는 맛과 향을 말한다. 이 액체는 보통 순수한 물에 찻잎을 담그면 찻잎 속에

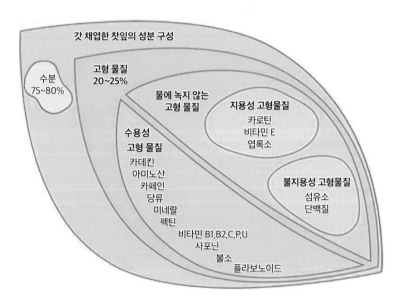

갓 채엽한 찻잎의 성분 구성

수분
75~80%

고형 물질
20~25%

물에 녹지 않는
고형 물질

지용성 고형물질
카로틴
비타민 E
엽록소

수용성
고형 물질
카데킨
아미노산
카페인
당류
미네랄
펙틴
비타민 B1,B2,C,P,U
사포닌
불소
플라보노이드

불지용성 고형물질
섬유소
단백질

...
찻잎 속에 들어 있는 성분.
이 중에서 수용성 고형 물질만
추출되어 나온다.

서 어떤 성분이 우려져 나오면서 만들어진다. 그렇기에 홍차의 맛과 향은 우릴 때 찻잎에서 물속으로 추출되어 나온 성분에 따라서 달라질 수 있다.

이렇게 보면 홍차의 맛과 향에 영향을 미친다고 말한 차나무 품종, 재배 지역(테루아), 가공 방법 등이 생 찻잎 속에 있는 성분에 영향을 준다고 보는 것이 논리적이다.

다시 정리하면, 차나무 품종, 재배 지역, 가공 방법이 생 찻잎 속에 들어 있는 성분(화합물)의 함유량과 그 비율에 1차로 영향을 미친다. 이 찻잎으로 가공된 마른 찻잎 속에도 세 가지 요소의 영향에 따라 맛과 향에 영향을 미치는 성분들이 다르게 구성되어 있고, 우려져 나온 성분들 또한 다르니 홍차의 맛과 향이 다를 수밖에 없는 것이다.

이런 맥락에서 본다면 차를 우리는 과정 또한 홍차의 맛과 향에 매우 큰 영향을 준다. 똑같은 찻잎을 어떻게 우리느냐에 따라 맛과 향이 다르다. 이건 경험으로 알 수 있다. 과학적으로 말하면 우려내는 방법에 따라 찻잎 속에서 물로 추출되어 나오는 성분이 다르다는 뜻이다. 여기에 가장 큰 영향을 미치는 것이 물 성분과 온도다. 이에 관해서는 '7장 홍차 맛과 물의 중요성'에서 자세히 다루겠다.

찻잎에서 물속으로 우려져 나온 성분들이 홍차의 맛과 향에 영향을 미친다면 이제 어떤 성분이 찻잎에 들어 있는지 알아보도록 하겠다.

홍차의 맛과 향에 영향을 미치는 주요 성분들

차의 맛과 향에 영향을 미치는 주요 성분으로는 폴리페놀(카테킨), 알칼로이드(카페인), 아미노산(테아닌), 탄수화물(당분), 색소 성분, 지방(산) 이렇게 여섯 가지를 들 수 있다. 이 성분들의 다양한 조합에 따라 수백 가지의 맛과 향이 만들어지는 것이다. 이 여섯 가지 성분의 다양한 조합에 영향을 미치는 것이 차나무 품종, 재배 지역, 가공 방법이다.

이중 홍차의 맛과 향에 대해 말할 때 자주 언급되는 것이 카데킨, 카페인, 테아닌이다. 이 세 가지 성분을 중심으로 설명해보겠다.

폴리페놀 / 카데킨

폴리페놀polyphenol은 거의 모든 식물에 들어 있는 성분으로 하나를 지칭하는 것이 아니라 한 무리Group 전체를 지칭한다. 즉 수천 가지 이름, 속성, 형태로 존재하는 것이다. 비유하자면 폴리페놀은 'C 대학 졸업생'이라는 뜻이라고 보면 된다. 'C 대학 졸업생'은 수만 명이고 각각의 이름도 성격도 다르다. 커피에도 폴리페놀이 들어 있고, 차와 와인, 초콜릿에도 들어 있다. 하지만 이들 각각의 이름과 속성이 조금씩 다르다. 커피에는 클로로겐산Chlorogenic acid이라는 이름을 가진 폴리페놀이, 와인에는 레스페라트롤Resveratrol이라는 이름을 가진 폴리페놀이, 사과에는 쿼세틴Quercetin, 딸기 같은 베리류에는 안토시아닌anthocyanin, 콩에는 이소플라본isoflavone이라는 이름을 가진 폴리페놀이 들어 있는 것이다.

차 속에 들어 있는 폴리페놀은 카데킨이라고 보면 된다. 카데킨이 들어 있는 또 다른 주요 식품은 초콜릿을 만드는 원료인 카카오 콩이다.

이 카데킨Catechins(핵심 성분이 EGCG다) 성분이 차의 떫은맛을 내는 주 성분이며, 수용성 고형 물질의 약 40퍼센트를 차지한다. 차를 우릴 때 찻잎 속에 있는 모든 성분이 나오는 것은 아니고 물에 녹는 수용성 고형 물질만 우려져 나온다. 결국 차의 맛과 향에 주된 영향을 미치는 것도 찻잎 속에 들어 있는 모든 성분이 아니라 물에 녹는 수용성 고형 물질이라는 뜻이기도 하다.

테아플라빈 / 테아루비긴 1

이제 조금 복잡해지는 단계다. 앞서 "차 속에 들어 있는 폴리페놀은 카데킨이라고 보면 된다"라고 말했는데, 이 문장은 "생 찻잎에 들어 있는 폴리페놀은 카데킨이다"라고 해야 더 정확한 표현이다. 가공하지 않은 찻잎에는 카데킨이 들어 있고, 이 찻잎을 녹차로 가공하면 이 카데킨이 그대로 남아 있지만, 홍차로 가공하면 다른 성분으로 전환되기 때문이다. 이 전환된 성분이 테아플라빈^{Theaflavines}/테아루비긴^{Thearubigins}이다. "홍차로 가공하면 카데킨이 다른 성분인 테아플라빈/테아루비긴으로 전환된다"라는 문장에서 홍차로 가공한다는 것은 생 찻잎을 산화시키는 과정을 의미한다. 즉 '홍차 가공'의 핵심 단계인 산화과정을 통해 카데킨이 테아플라빈/테아루비긴으로 전환되는 것이다.

산화 vs. 발효

"차^{Tea}는 카멜리아 시넨시스라는 학명을 가진 차나무의 싹이나 잎으로 만든 것이다." 이것이 차에 대한 일반적 정의다.

차는 대개 녹차, 홍차, 우롱차(청차), 보이차(흑차), 황차, 백차 여섯 가지로 분류된다. 분류 기준은 가공 방법의 차이다. 즉 같은 찻잎으로 만들지만 가공하는 방법에 따라 여섯 가지로 분류하는 것이다. 이 가공 방법의 핵심 중 하나가 산화다.

흔히 산화를 발효라고 말하기도 하지만 발효와 산화는 완전히 다른 과정이다. 발효된 식품에는 된장, 와인, 요구르트, 치즈, 맥주 등이 있다. 콩을 된장으로 발효시키고, 우유를 요구르트나 치즈로, 포도를 와인으로, 보리를 맥주로 발효시키는 것은 미생물이다. 미생물은 살아 있는 생명체이지만 작아서 눈에 보이지 않을 뿐이다. 보통 인간에게 유익한 역할을 하는 미생물을 효모라고 부른다. 발효는 미생물 혹은 효모가 해내는 일이다.

효모 vs. 효소

반면 산화과정에는 미생물이 개입하지 않는다. 일상에서 흔히 볼 수 있는 산화의 예를 들면, 사과를 깎아 놓았을 때나, 감자를 깎아 놓았을 때 갈변하는 현상이다. 어떤 물질이 어떤 것에 반응하여 변화가 일어나고 이 변화에 산소가 관여하면서 결정적 역할을 하므로 이 과정을 산화(과정)라고 부른다. 차의 경우에는 찻잎에 들어 있는 폴리페놀(카테킨)을 찻잎에 들어 있는 폴리페놀산화효소Polyphenol Oxidase가 어떤 조건에서 산소의 도움으로 테아플라빈, 테아루비긴 성분으로 전환시키는 과정을 산화라고 하는 것이다.

차나무에 찻잎이 매달려 있을 때는 찻잎 속 폴리페놀과 폴리페놀산화효소는 세포막에 의해 분리되어 만나지 못한다. 채엽을 한 뒤 위조를 하는 과정에서 수분이 증발하고 세포막이 깨지면서 두 성분이 만나고, 유념할 때 이 과정이 더욱더 가속화되는 것이다. 산소는 사방에 있으니 자연히 접하게 된다. 그러면서 녹색을 띤 찻잎이 적갈색, 흑갈색으로 변화하는 것이 마치 깎은 사과, 깎은 감자가 갈변하는 것과 같은 현상인 것이다.

삶은 감자(삶은 사과)는 갈변하지 않는다. 삶는 과정에서 열에 의해 감자 속에 들어 있는 효소의 기능이 없어졌기 때문이다.(효소는 열에 약하다.)

녹차는 생 찻잎을 뜨거운 솥이나(대체로 우리나라, 중국) 뜨거운 증기(대체로 일본)로 열을 가해 찻잎 속에 든 효소의 기능을 없앤다. 감자를 삶는 것과 같은 이치다. 이에 따라 찻잎이 갈변하지 않고 녹색을 그대로 유지하는 것이다. 즉 발효는 미생물이 관여하는 것이고 산화는 산화효소가 개입하는 것이다. 전혀 다른 차원이다.

...
살청하는 모습.
홍차에는
이 과정이 없다.

테아플라빈/테아루비긴 2

지금까지의 설명을 요약하면 다음과 같다. (생)찻잎 속에는 폴리페놀이 카데킨의 형태로 들어 있는데, 산화과정이 없는 녹차는 카데킨이 그대로 보존되는 반면, 홍차는 가공과정의 핵심인 산화를 통해 카데킨이 테아플라빈/테아루비긴으로 전환된다.

카데킨이 전환된 테아플라빈/테아루비긴도 마찬가지로 폴리페놀이다. 따라서 홍차의 폴리페놀은 테아플라빈/테아루비긴이며 홍차의 맛과 향, 수색을 만드는 핵심 성분이라고 할 수 있다. 녹차와 홍차는 마른 찻잎의 상태도 완전히 다르지만 우렸을 때도 전혀 다른 특징을 보인다. 즉 수색과 맛, 향도 다르다. 만일 누군가가 "녹차를 우리면 수색이 연녹색 계통인데, 홍차를 우리면 왜 적색 계통인가요?"라고 묻는다면, 바로 홍차의 핵심 성분인 테아플라빈/테아루비긴 때문이라고 답하면 된다.

홍차의 핵심 성분이라고 하면서 테아플라빈/테아루비긴이라는 두 단어를 사용한 것은 각각이 약간 다른 속성을 가지기 때문이다. 테아플라빈은

황금색, 오렌지색 수색을 띠게 하며 다소 거친 맛과 떫은맛을 낸다. 반면 테아루비긴은 구릿빛, 적색 수색을 띠며, 다소 감미로운 맛과 부드러운 맛을 낸다. '거친 맛/떫은 맛' '감미로운 맛/부드러운 맛'이라는 표현은 다소 상대적이며, 이해를 돕기 위해 좀더 강하게 대비되도록 표현했다.

또 하나의 특징은 산화과정 중 카데킨에서 전환될 때 테아플라빈이 먼저 형성되고 시간이 지나면서 테아플라빈이 테아루비긴으로 한 번 더 전환된다는 것이다.

같은 홍차라도 수색이 옅은 것이 있고, 짙은 것이 있다. 옅은 것은 찻잎의 산화가 짧게(약하게) 되었고, 상대적으로 테아플라빈 비중이 높아서 그렇다. 상대적으로 다소 '거친 맛/떫은맛'이 난다. 반면 수색이 짙은 것은 산화가 길게(많이) 되었고 상대적으로 테아루비긴 비중이 높아서 그렇다. 상대적으로 다소 '감미로운 맛/부드러운 맛'이 난다.

다르질링 퍼스트 플러시First Flush와 세컨드 플러시Second Flush가 좋은 보기가 된다. 일단 두 홍차의 다른 차이는 차치하고 산화 정도만 놓고 보면 FF는 짧게, 약하게 된 것이고, SF는 상대적으로 길게, 많이 된 것이다.

...
녹차와 홍차.
홍차의 적색 계열 수색은
카데킨이 전환된
테아플라빈/테아루비긴
성분 때문이다.

...
전형적인 다르질링
FF(좌)/SF(우) 수색.

···
최근 들어 다르질링 FF의
산화를 점점 더 약하게 해서
수색이나 맛과 향도
더 가벼워지고 있다.

따라서 FF는 옅고 밝은 수색에 다소 '거친 맛/떫은 맛', SF는 짙고 어두운 수색에 다소 '감미로운 맛/부드러운 맛'의 특징을 보이게 된다. 하지만 우리가 알고 있는 전형적인 홍차(실제로 대부분의 홍차)는 산화가 많이 되어 있고 수색이 짙다. 따라서 홍차의 주된 폴리페놀은 테아루비긴이라고 해도 크게 틀린 말은 아니다.

다르질링 퍼스트 플러시와 세컨드 플러시

다르질링 FF와 SF는 맛과 향, 마른 찻잎과 엽저의 색상, 우려낸 수색까지 모든 점에서 다르다.

다원, 차나무, 차 공장, 차를 만드는 사람 등 조건은 모두 똑같은데 어떻게 이렇게 다른 홍차로 만들어질 수 있을까?

FF는 3~4월에 주로 생산되고 SF는 5~6월에 생산된다. 이 생산 계절의 차이

가 채엽되는 생 찻잎의 성분과 그 구성비에 변화를 준다. 즉 지금 우리가 다루고 있는 폴리페놀, 아미노산, 테아닌 등의 구성 비율에 영향을 미치는 것이다. 같은 싹, 같은 어린잎이라도 3월에 채엽된 것과 6월에 채엽된 것은 성분(구성비)이 다르다. 또한 가공 방법도 다르다. FF는 강한 위조를 통하여 향을 더 발현시키고 산화의 정도도 약하게 한다. 반면 SF는 FF보다는 짧게 위조하고 그리고 산화도 충분히 시킨다. 다르질링 지역 홍차 생산자들이 오랜 경험을 통해 계절에 따른 찻잎의 특징을 파악하고 그 특징에 맞춰서 가공 방법에 차이를 둔 것이 다르질링 FF와 SF인 것이다.

홍차가 감미롭다?

이런 설명 끝에 일부 독자는 궁금증이 생길 수 있다. "수색이 짙은 전형적인 홍차가 감미로운 맛/부드러운 맛을 가진다고? 홍차 하면 떫은맛 아닌가?" 당연히 들 만한 질문이다. 우리가 가장 익숙하게 접해온 잉글리시 브렉퍼스트English Breakfast, 아이리시 브렉퍼스트Irish Breakfast처럼 짙은 수색을 가진 일반적이고 대표적인 홍차 맛이 결코 부드럽지는 않다. 그렇다면 혹시 키먼 홍차나 윈난 홍차 같은 중국 홍차는 어떤가? 이들은 수색은 짙어도 (산화가 많이 되었으니) 떫은맛은 거의 없고 맛이 부드러운 편이다.

잉글리시 브렉퍼스트와 키먼 홍차를 같은 정도로 산화를 많이 시키고(100퍼센트라고 가정하자), 따라서 같은 정도로 테아루비긴이 만들어져서(90퍼센트 정도라고 가정하자) 수색이 같은 수준으로 짙다면 맛도 비슷하게 부드러워야 한다. 하지만 전자는 상대적으로 떫은맛이 강하고 후자는 부드러운 편이다. 이 차이는 어디에서 오는 것일까?

전형적인 아삼 홍차의 수색.

이는 산화의 정도도 중요하지만 산화시키는
데 걸리는 시간도 중요하기 때문이다. 즉 똑같이
100퍼센트 산화를 시키더라도 30분 걸리
느냐, 3시간 걸리느냐에 따라 맛의 거칠
고 감미로운 정도가 달라지는 것이다.

　강한 홍차의 대표 격인 아삼 홍차는
유념을 강하게 하고 찻잎을 작게 분쇄해
짧은 시간에 산화를 시킨다. 반면에 키먼 홍차
같은 중국 홍차는 유념을 부드럽게 하고 찻잎을 비교적 홀 립^{Whole}
Leaf에 가깝게 크게 두고 천천히 산화시킨다. 산화의 정도는 같을지라도
같은 정도의 산화에 걸리는 시간의 짧고 긴 정도에 따라 맛의 속성이 달
라지는 것이다.

...
산화의 정도뿐만 아니라
산화시키는 시간 또한
홍차의 맛에 영향을 미친다.
홀립 크기의 다즐링 SF.

　전기밥솥에 백미로 밥을 지을 때, 정상적으로 작동하면 40분 정도 걸
리지만 백미 쾌속이라는 기능을 사용하면 15분 정도 걸린다. 분명 밥
은 다 되었지만, 씹히는 쌀의 식감이 다르다. 40분 걸린 밥은 부드럽지만,
15분 걸린 밥은 어딘가 거칠다. 이 차이라고 보면 된다.

폴리페놀과 항산화 효능

차는 건강에 좋다고 알려져 있다. 암과 심장병, 비만, 당뇨를 예방하는 효
과가 있다든지 중금속 제거에 효능이 있다든지 동맥 경화와 심장 질환을
예방하는 효과, 항바이러스 효과가 있다든지 등의 건강상 장점이 알려져
있고, 심심찮게 새로운 소식들이 언론에 보도된다. 차가 건강에 좋다고 할
때 주로 제시되는 차 성분은 폴리페놀이다. 그렇다면 폴리페놀은 건강에
어떻게 좋을까?

3. 녹차와 홍차 중
무엇이 더
건강에 좋은가

대표적으로 널리 알려진 폴리페놀의 효능은 항산화抗酸化다. 항산화는 산화를 억제한다는 뜻으로, 세포가 산화된다는 것은 세포가 노화한다는 의미다. 호흡으로 몸에 들어온 산소는 몸에 이로운 작용을 하지만 부산물로 활성 산소(유해 산소)를 만든다. 이 활성 산소가 몸속 건강한 세포에 상처를 주는 것이 몸의 산화 즉, 노화로 그 상처가 심하면 질병에 걸릴 수도 있다. 따라서 항산화 성분을 섭취해 활성 산소를 제거하면 몸의 노화와 질병을 막을 수 있다는 개념이다. 이 항산화 성분으로 널리 알려진 것이 폴리페놀이다.

폴리페놀은 거의 모든 식물에 다 들어 있다. 따라서 폴리페놀이 들어 있는 식물은 다 항산화 효능이 있다고 보면 된다. 즉, 사과, 포도, 커피에도 다 항산화 효능이 있다. 다만 차 속에 들어 있는 폴리페놀 즉 카데킨이 비교적 강력한 항산화 효능이 있다는 것이다. 최근 유행하는 카카오 닙스 Cacao Nibs도 몸에 좋은 항산화 성분을 함유하고 있다. 카카오에 들어 있는 폴리페놀이 앞에서 언급한 것처럼 차와 동일한 카데킨이다.

···
폴리페놀은 거의 모든
식물이나 과일에 들어 있다.

녹차의 카데킨 vs.
홍차의 테아플라빈/테아루비긴

지난 10여 년간 커피, 차, 허브 차 등에 관해 우리나라를 포함한 전 세계적인 흐름은 두 가지로 요약된다.

1. 세 가지 모두 음용량이 증가했다.
2. 고급 카테고리 음용량이 더 빨리 증가했다.

우리나라의 커피 고급화 경향은 독자들도 손쉽게 느낄 수 있을 것이다.

전문가들은 차와 허브 차가 건강 음료라는 장점이 부각되면서 음용량이 증가한다고 본다. 유럽, 미국에서는 녹차 음용량이 다른 차에 비해 증가 속도가 더 빠르다. 물론 이들 국가에서 홍차 소비량은 여전히 압도적이지만, 그동안 아주 미미했던 녹차의 성장 속도가 최근 상대적으로 빠른 것이다. 유럽과 미국의 일반 음용자들이 녹차가 홍차보다 건강에 더 좋다고 생각하기 때문이다. 여기에는 몇 가지 이유가 있다.

녹차는 찻잎이 녹색이고, 우린 수색도 옅은 연녹색에 가까워 좀더 친자연적으로 보인다. 반면 홍차는 찻잎 색이나 수색을 보고 녹차보다는 인위적인 무엇인가가 더해졌다고 여기는 것이다. 사실 가공과정을 보면 살청과정이 없는 홍차가 인위적인 것이 덜함에도 불구하고 말이다. 또 하나는 바로 카데킨 성분 때문이다. 카데킨이 항산화 효능과 관련해 강력한 기능이 있다는 것에 관심을 갖는 것이다. 물론 여기에는 녹차를 음용하는 중국, 일본이 지속적으로 녹차를 연구하면서 카데킨의 효능을 언론에 홍보한 것도 중요한 역할을 했다.

여기에, 익숙한 홍차보다는 좀더 새로운 녹차에 대한 호기심, 중국과 일본에서 많이 마신다는 사실과 서양이 오랫동안 동양에 대해 가져온 신비

감, 판매자들의 마케팅이 더해져 최근 녹차 음용량이 증가한 것이다. 녹차의 한 종류인 일본 말차도 관심을 받고 있다.

결국은 같은 폴리페놀

카데킨이 강력한 항산화 효능을 갖고 있다는 것은 사실이다. 그러면 산화과정을 통해 카데킨에서 전환된 테아플라빈/테아루비긴의 항산화 효능은 어떤가? 최근 들어 홍차 생산국, 홍차 음용국에서 홍차에 관한 연구가 활발해지고 있다. 이들이 밝혀낸 사실은 테아플라빈/테아루비긴이 카데킨과는 다른 항산화 속성을 가지기는 하지만 항산화 효능에 있어서는 카데킨과 동일하다는 것이다.

따라서 카데킨이 많은지, 적은지 여부로 녹차, 홍차의 건강상의 효능을 비교하는 것은 의미가 없다. 카데킨도 테아플라빈/테아루비긴도 같은 폴리페놀이다. 굳이 나누어 보자면, 카데킨이 단순 폴리페놀인 반면 테아루비긴/테아플라빈을 복합적인 폴리페놀 혹은 전환된 폴리페놀이라고 부를 수 있다. 혹은 카데킨을 녹차 폴리페놀, 테아플라빈/테아루비긴을 홍차 폴리페놀이라고 부를 만하다.

탄닌

차의 떫은맛이 탄닌Tannin 때문이라는 말을 듣거나 자료를 읽은 적이 있을 것이다. 탄닌 역시 식물에 들어 있는 폴리페놀의 한 종류다. 앞서 폴리페놀은 수천 가지 이름, 속성, 형태로 존재한다고 한 것을 기억하자. 탄닌의 속성은 단백질과 결합하여 변성시키는 작용이 있어서 가죽을 무두질하는 데 탄닌을 사용한다. 무두질은 동물 원피를 가죽으로 만드는 공정이다. 피가 떨어지고 살이 아직 붙어 있는 동물 가죽을 가방이나 지갑으로 만들기 위해서는 깨끗하게 가공해야 하는데, 이 과정을 무두질이라고 한

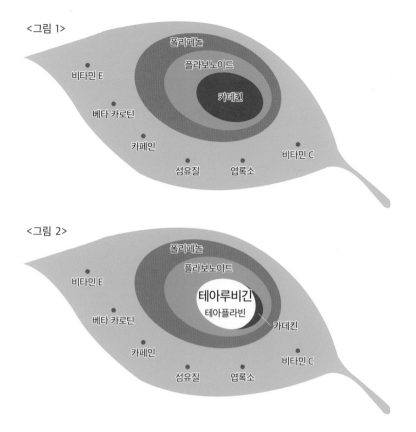

<그림 1>

폴리페놀
플라보노이드
카데킨
비타민 E
베타 카로틴
카페인
섬유질
엽록소
비타민 C

<그림 2>

폴리페놀
플라보노이드
테아루비긴
테아플라빈
카데킨
비타민 E
베타 카로틴
카페인
섬유질
엽록소
비타민 C

...
〈그림 1〉은
녹차로 대표되는
비산화차의 폴리페놀
구성이다. 카데킨이
주를 이룬다.
〈그림 2〉는
홍차로 대표되는 산화차의
폴리페놀 구성이다.
산화과정을 통해
카데킨의 대부분이
테아루비긴/테아플라빈으로
전환되었다. 하지만 그림에서
볼 수 있듯이 전환된
테아루비긴/테아플라빈도
폴리페놀이라는 카테고리에
포함되어 있다.
따라서 효능도 거의
동일하다고 본다.

다. 여기에 사용하는 성분이 폴리페놀의 한 종류인 탄닌인 것이다. 인간이 아주 오랫동안 무두질을 해온 것으로 미루어 짐작건대 경험상 탄닌 성분이 미각 세포에는 떫은맛으로 작용한다는 것을 알았을 것이다.

과거 폴리페놀에 관한 연구가 제대로 이루어지지 않아 카데킨, 레스페라트롤 같은 성분을 알지 못했을 때에는 차에서(혹은 와인에서) 떫은맛이 나니 차와 와인 속에 탄닌이 들어 있다고 여긴 것이다.

다시 말하자면 차에는(와인에도) 탄닌이 들어 있지 않다. 차의 떫은맛은 폴리페놀 때문이다.(와인의 떫은 맛은 레스페라트롤 때문이다.) 녹차의 떫은맛은 주로 카데킨 때문이고 홍차의 떫은맛은 주로 테아플라빈/테아루비긴 때문이라고 말하면 좀더 정확한 표현이 될 수 있다.

정리하면,

- 찻잎 속에 들어 있는 폴리페놀은 카데킨이다.
- 녹차는 카데킨이 그대로 보존된다.
- 홍차는 가공과정의 핵심인 산화를 통해 카데킨이 테아플라빈/테아루비긴으로 전환된다.
- 이 두 성분이 홍차를 홍차이게끔 하는 맛과 수색을 가져온다.
- 테아플라빈은 오렌지색/황색 계열의 수색과 다소 거친(떫은) 맛이 특징이다.
- 테아루비긴은 적색 계열의 수색과 부드러운 맛이 특징이다.
- 산화가 많이 될수록 혹은 산화 시간이 길수록 테아루비긴이 더 많아진다.
- 녹차의 폴리페놀은 카데킨, 홍차의 폴리페놀은 테아플라빈/테아루비긴이라고 할 수 있다.
- 카데킨, 테아플라빈/테아루비긴 모두 다 폴리페놀로 효능은 거의 동일하다.

4. 차와 카페인

알칼로이드 Alkaloid 는 식물계에 널리 분포하며 단일 물질이 아니라 폴리페놀처럼 물질의 그룹이다. 동물에게 강한 생리 작용을 나타내는 속성이 있어서 오랜 옛날부터 인간은 독약, 흥분제, 마취제 등 약품 목적으로 사용해왔다. 알칼로이드 계열에 속하는 주요한 물질에는 카페인, 코카인, 모르핀, 니코틴 등이 있다. 비유하자면, 알칼로이드 가문은 카페인을 포함한 그 가족들을 어떻게 사용하느냐에 따라 인간에게 유익할 수도 혹은 해로울 수도 있는 속성을 가지고 있다. 이런 성질 때문인지 카페인이 포함된 식물은 지구상에 약 60종 정도에 불과하다고 한다. 대표적인 것이 커피콩, 차나무 잎, 카카오 콩, 마테 잎, 콜라의 원료인 콜라나무 콩 등이다.

메틸크산틴 화합물

그런데 카페인은 우리에게 잘 알려져 있지 않은 아주 닮은 두 형제가 있다. 테오필린theophylline, 테오브로마인theobromine이라는 이름을 가진 물질이다. 이 물질은 화학적 구조와 쓴맛 등 기능들이 카페인과 매우 비슷하다. 이 세 개를 통틀어 메틸크산틴methylxanthine 화합물이라고도 부른다. 카페인이 워낙 유명해서인지 메틸크산틴이 들어 있다고 해야 하는 경우에도 그냥 카페인이 들어 있다고 말하곤 한다. 메틸크산틴이라는 용어를 들어본 독자는 그리 많지 않을 것이다.

차, 커피, 카카오에 카페인이 들어 있다고 하지만, 좀더 정확하게 표현하면 커피에는 카페인만 들어 있고, 차와 카카오에는 카페인뿐만 아니라 테오필린, 테오브로마인 세 가지 성분이 모두 들어 있다. 차의 성분에서는 카페인이 대부분을 차지하고 테오필린, 테오브로마인은 일부에 불과하지만, 카카오 같은 경우는 거의 대부분이 테오브로마인으로 이루어져 있다.

차/커피 속에 들어 있는
카페인의 속성은 동일한가?

이 차이를 아는 것이 중요한 이유가 있다. 테오필린, 테오브로마인은 카페인과 기능, 속성이 매우 비슷하긴 하지만, 카페인보다는 좀더 부드러운 성질을 가지고 있기 때문이다. 즉 차와 커피에 같은 양의 카페인(세 성분을 뭉뚱그린 표현에 따라)이 들어 있는 경우에도 차에는 비록 아주 적은 양

...
카카오 나무.

...
카카오 열매.

...
카카오 콩.

이기는 하지만 테오필린, 테오브로마인이 들어 있어서 커피보다는 카페인 강도가 조금은 약하기 때문이다. 이는 차와 커피 속에 들어 있는 카페인이 동일한지에 대한 답이 될 것이다.

답을 하자면, 카페인이 거의 동일하다고 해도 무방하지만 100퍼센트는 아니다.(하지만 카카오 속에 들어 있는 카페인 성분은 차와 커피와는 상당히 다르다. 카카오에 들어 있는 카페인은 사실은 대부분 테오브로마인이기 때문이다.)

차와 커피 속에 들어 있는 카페인이 거의 동일한 것이라면 차와 커피를 음용했을 때 우리 몸속에서 카페인 효능도 거의 동일한 것인가? 이는 다른 문제다. 차에는 커피에는 없는 성분이 들어 있다. 이 성분들의 영향으로 인해 커피를 마셨을 때와 차를 마셨을 때 카페인이 우리 몸에서 다르게 작용한다. 이에 관해서는 이후 테아닌 편에서 설명하겠다.

카카오

카카오는 카카오 콩을 생산하는 나무의 이름이다. 카카오 나무의 열매는 표면에 홈이 있는 타원형으로 생겼으며 익으면 적갈색을 띤다. 카카오 열매 속에는 카카오 씨앗(콩)이 들어 있다. 이 콩을 건조시켜 볶아서 분말을 내어 가공한 것이 초콜릿, 코코아(핫초코) 등이다. 카카오 나무의 학명이 테오브로마 카카오 *Theobroma Cacao*인 것에서도 알 수 있지만 흔히 카페인이라고 알려진 성분이 테오브로마인이다. 따라서 커피와 같은 양의 카페인(흔히 세 성분을 뭉뚱그린 표현 방식대로 해서)이 들어 있다고 한다면 초콜릿 혹은 코코아는 커피보다는 카페인 강도가 훨씬 부드럽다고 볼 수 있다. 게다가 카카오 콩에는 폴리페놀 성분도 들어 있는데 바로 카데킨이다.

카페인은 해로운가?

이는 술은 해로운가라는 질문과 동일하다. 술을 어떻게 통제하느냐에 따라 몸에 좋을 수도 있고 해로울 수도 있다. 카페인도 마찬가지다. 학자들의 일반적인 견해는 아예 섭취하지 않는 것보다 오히려 자신에게 맞는 적당한 양을 섭취하면 건강과 일상생활에 도움이 된다는 것이다. 문제는 우리가 지나치게 많이 섭취하면서 부작용이 생기는 것이다.

세계보건기구WHO에서 권장하는 성인의 일일 섭취 권장량은 300밀리그램이다. 믹스 커피 한 잔, 콜라 1캔에 50밀리그램 정도 들어 있다. 드립 커피에는 150밀리그램 전후로 상당히 많이 들어 있는 편이다. 초콜릿, 감기약, 두통약 같은 것에도 카페인이 들어 있다. 이런 객관적인 수치도 중요하지만 체질이나 식습관에 따라 개인차가 크기 때문에 결국은 자신에게 알맞게 (적절하게) 카페인 양이나 카페인 음료 섭취를 통제하는 수밖에 없다.

같은 양일 경우 커피와 차 속의
카페인 함유량은?

"같은 용량의 잔에 커피와 차가 들어 있을 때 이들의 카페인 함유량은 어떤가?"라는 질문에 대한 답은 "모른다"라고 해야 현명하다. 커피가 인스턴트인지 드립한 것인지에 따라서 다르고, 찻잎을 많이 넣고 우렸는지, 오래 우렸는지 등 변수가 너무 많기 때문이다. 하지만 아주 일반적인 조건이라는 가정을 하고 답을 하자면, 차에는 커피의 약 30~40퍼센트 수준의 카페인이 들어 있다.

그런데 의외로 차에(특히 홍차에) 카페인이 많다고 알고 있는 사람이 많다. 마른 찻잎 100그램과 원두 100그램 속에 든 카페인 양을 비교하면 찻잎에 카페인이 많은 것은 맞다. (홍)차에 카페인이 많다고 알고 있는 사람들은 이렇게 비교한 데이터에 기초한 것이다. 하지만 마른 찻잎 100그램이면 보통 40~50잔 정도의 차를 우릴 수 있다. 반면에 원두 100그램이면 약 10잔을 내릴 수 있다. 차와 커피는 액체 상태로 마시는 것이기 때문에 정확하게 비교하려면 잔에 든 양으로 해야 한다. 이렇게 비교해보면 차 속의 카페인 양이 훨씬 적어지는 것이다.

차와 커피를 마셨을 때 카페인의 신체 내 흡수 정도는?

차에 들어 있는 카페인과 커피에 들어 있는 카페인의 신체 내 흡수 정도는 다르다. 이는 커피에는 없고 차에만 들어 있는 다른 성분들 때문이다. 폴리페놀과 테아닌이 카페인 흡수 속도를 늦추고 흡수되는 양도 줄인다. 특히 테아닌과 카페인이 상호 작용하므로 이런 효과를 배가시킨다.

이 질문은 앞에서 나온 "차 속 카페인과 커피 속 카페인의 신체 내 효능 차이"와 같은 맥락이다. 자세한 설명은 테아닌 편에서 하겠다.

6대 다류의 카페인 함유량 차이

"녹차, 홍차, 우롱차, 보이차, 황차, 백차 등 여러 종류의 차 중에서 어느 것이 카페인 함유량이 제일 많을까?" 특히 "녹차와 홍차 중에는 어느 것이 더 카페인이 많은가?" 등의 질문을 흔히 받곤 한다. 또한 특정 차를 판매하는 분들은 어느 차에 카페인이 더 많다, 적다를 주장하기도 한다. 가장 흔한 오해는 "녹차보다 홍차에 카페인이 더 많이 들어 있다"는 것이다. 아마도 찻잎의 색과 우린 홍차 수색이 짙다보니 연록색의 녹차보다 카페인이 많다고 막연히 생각하는 것 같다.

하지만 학자들의 연구 결과에 따르면 "차 종류와 카페인 양은 관련이 없다"고 한다. 같은 지역, 같은 차나무에서 같은 날 채엽한 찻잎으로 다른

...

동일한 찻잎으로
다른 차를 만들었을 때
카페인 함유량에는
차이가 없다.
가공 방법에 의해
카페인 함유량이
달라지는 것은 아니다.
어떤 찻잎으로
가공했느냐에 따라
카페인 함량이 달라진다.

종류의 차를 만들었을 때 카페인 함량은 차이가 없다는 것이다. 다시 말하면 카페인은 비교적 안정적인 화합물이어서 차를 가공하는 과정에서 줄지도 늘지도 않는다.

찻잎에 든 카페인 함유량에 영향을 미치는 요소들

　다만 차 종류에 관계없이 카페인 함유량에 영향을 미치는 요소들은 있다. 싹이나 어린잎일수록 카페인이 많다. 특히 싹에 많다. 이와 반대로 성장한 찻잎에는 적다. 같은 지역에서 자란 차나무라면 더울 때 채엽한 찻잎에 카페인이 더 많다. 대엽종이 소엽종보다 많고, 씨앗으로 심은 것보다 복제종 차나무에 더 많다. 또한 차광 재배한 찻잎에 카페인이 많다. 이는 가공 방법보다는 차를 만든 찻잎의 조건에 따라 카페인 함유량이 어느 정도

다를 수 있다는 뜻이다. 하지만 6대 다류의 카페인 함유량을 알고 싶은 이유가 내가 마셨을 때 카페인 흡수량을 염두에 두는 것이라면 여기에 또 다른 변수들도 작용한다.

차 카 페 인 함 유 량 에
영 향 을 미 치 는 또 다 른 변 수 들

너무나 당연한 이야기지만 완성된 찻잎 크기가 작을수록 같은 시간을 우렸을 때 더 많은 카페인이 추출된다. 따라서 같은 3그램이라도 큰 찻잎으로 우린 차보다는 작은 찻잎으로 우린 차에 카페인이 더 많다. 같은 조건의 차라면 우리는 시간이 길면 더 많은 카페인이 추출된다. 다만 한 가지 알아둘 것은 우리는 시간과 카페인 추출양은 비례하지만 음용자의 카페인 흡수량은 또 다른 문제일 수 있다는 점이다. 일부 연구자들은 카페인은 다른 성분보다 먼저 많이 추출되고 카페인의 신체 내 흡수를 막아주는 폴리페놀, 테아닌은 시간에 비례해서 추출된다고 한다. 따라서 짧게 우릴 경우 마시는 차 속에 추출되어 나온 카페인 양은 적을지라도 흡수를 막아주는 성분이 상대적으로 더 적게 나오기 때문에 최종적으로 카페인 흡수량은 더 많을 수도 있다는 뜻이다. 또 하나 중요한 요소는 차를 우리는 물의 온도다. 물의 온도가 높을수록 카페인은 더 많이 추출된다.

이처럼 차 속의 카페인 함유량에는 너무나 많은 변수가 작용한다. 따라서 6대 다류의 카페인 함유량에 관한 질문에는 "잘 모르겠다"가 답일 수 있다. 홍차와 녹차 같은 경우에는 일반적으로 비싼 차가 카페인이 더 많을 가능성이 높다. 가격이 높은 차일수록 싹과 어린잎 위주로 만들기 때문이다. 비교하려는 차에 관한 정보가 많으면 카페인이 얼마나 들어 있는지 어느 정도 추론할 수 있다. 그렇지 않은 상태에서 6대 다류의 카페인 함유량의 많고 적음을 비교해 말하는 것은 현명치 못하다.

···
우마미는 단맛, 쓴맛,
신맛, 짠맛에 이어
다섯 번째 맛이 되었다.

감칠맛

차 성분 중 폴리페놀계의 카데킨, 알칼로이드계의 카페인에 이어서 세 번째가 아미노산계의 테아닌Theanine이다. 차에는 아미노산Amino acid이 20여 개의 형태로 존재한다. 그중 테아닌이 약 60퍼센트를 차지하고 있다.

차를 대표하는 맛은 떫은맛, 쓴맛, 감칠맛이다. 떫은맛은 주로 카데킨에서, 쓴맛은 주로 카페인에서 그리고 감칠맛은 바로 테아닌에서 나오는 것이다. 이 감칠맛(일본어로 우마미うま味라고 한다)은 일본인들이 매우 선호하는 맛이다. 좋은 녹차를 상온의 물에서 오래 우리면 농축된 감칠맛을 맛볼 수 있는데, 사람에 따라서 다소 느끼하다고 느낄 수도 있다.

일본 녹차 중 고급에 속하는 것으로 교쿠로와 덴차가 있다. 덴차는 말차를 만드는 원료 녹차다. 이 두 종류의 녹차는 채엽하기 전에 3~4주 정도 햇빛을 가려두는 차광 재배가 특징이다. 찻잎 속의 아미노산(테아닌) 성분은 햇빛(광합성)에 의해 폴리페놀 즉 카데킨으로 전환된다. 햇빛을 많이 쬘수록 테아닌 성분이 줄어들고 카데킨 성분이 늘어난다. 차광 재배를 통해 테아닌이 카데킨으로 전환되는 것을 막아 감칠맛을 극대화시킨 것이 일본인들이 가장 귀하게 여기는 교쿠로와 덴차(말차)다. ('9장 말차와 가루

...
볼레투스 바디우스(좌)와
구아우사 잎(우).

녹차의 차이점' 참조)

졸 림 현 상 없 는 신 경 안 정 제

　테아닌 성분은 자연계에서 매우 제한적으로 존재하는 것으로 알려져
있다. 일부 자료에 따르면 볼레투스 바디우스Boletus badius라는 버섯과 구
아우사Guayusa라는 티젠을 만드는 나무 그리고 차나무에만 있는 성분이
라고 한다.

　또한 신경 전달 물질로 인지능력 향상, 집중력 강화에 효능이 있다고 한
다. 그리고 사람에게 여유를 주는 알파 뇌파alpha brain wave의 활동을 촉진
시키고, 기분을 좋게 하는 호르몬으로 알려진 세로토닌과 도파민 수치를
높인다. 테아닌의 이런 효능들로 인해 차를 마시면 마음이 편해지고 긴장
이 완화된다고 느끼는 것이다.

　몸과 마음에 여유를 주는 이런 효능에 대한 많은 연구 결과가 나왔고,
국내 및 해외에서는 테아닌 농축 캡슐이나 테아닌을 주성분으로 하는 스
트레스 관리용 보조 식품 및 음료 등이 출시되어 있다. 어떤 연구자는 나
른함이나 졸림 현상이 없는 천연 신경 안정제라고 표현하기도 한다.

...
테아닌 성분을 활용한
건강 식품들.

차 속 카 페 인 의 조 정 자

　"차와 커피 속에 들어 있는 카페인이 거의 동일한 것이
라면 차와 커피를 음용했을 때 우리 몸속에서 카페인 효
능도 거의 동일한 것인가?"라는 질문의 답은 "효능이 다르
다"이다.

　같은 카페인 성분이라도 차를 마셨을 때와 커피를 마셨
을 때 우리 신체에 다른 효과를 가져오게 하는 것이 바로
테아닌 성분이다. 일단 테아닌은 카페인 흡수를 줄여준다.

우린 차 속에 들어 있는 카페인 양이 커피보다 적은 데다 테아닌이 흡수까지 줄여주므로 실제로 차를 마셨을 때 흡수되는 카페인 양은 훨씬 적은 것이다. 그리고 앞서 설명한 테아닌의 효능으로, 카페인의 날카로운 각성 효과를 다소 부드럽게 만들어주는 역할도 한다.

아이를 혼낼 때 목소리를 높여 비속어를 써가며 날카롭게 꾸짖는 경우도 있지만, 차분한 목소리로 상대방이 알아듣게 설득하는 경우도 있다. 목적은 같다. 커피의 카페인이 전자라면 차의 카페인은 테아닌 성분의 도움을 받아 후자라고 보면 된다. 10년 가까이 하루 평균 다섯 잔 이상의 홍차를 마신 필자의 개인적인 경험에 의하면 차는 긴장감 없이 지속적으로 머리를 맑게 한다. 공부하는 학생들이 커피보다는 홍차를 마셨으면 한다.

나를 기분 좋게 하는 음료로서의 차

건강 음료로 차를 마시는 추세가 전 세계적으로 유행하면서 차의 맛과 향의 다양함을 이해하기 위해서 혹은 건강상의 효능에 대한 궁금증을 해소하기 위해서 차 성분에 대한 관심이 증가하고 있다. 하지만 차 성분에 관한 연구는 우리가 막연히 생각하는 것보다는 아직 제대로 이루어지지 않았고, 밝혀지지 않은 것이 더 많다고 학자들은 주장한다. 이 책에서 정리한 것은 일반 음용자들이 궁금해할 만한 것을 중심으로 가능한 쉽게 설명했다. 건강이라는 측면으로만 차에 접근하기보다는 "나를 즐겁고 기분 좋게 하는 음료인데 건강에도 좋다" 정도로 여겼으면 한다.

7장
······
홍차 맛과
물의 중요성

같은 날짜에 한 지역의 같은 차나무에서 채엽한 찻잎으로, 또 동일한 가공법으로 만든 홍차는 맛과 향에 영향을 미치는 성분이 같다고 할 수 있다. 그렇다면 이 찻잎으로 우린 홍차의 맛과 향은 항상 동일할까?

똑같은 찻잎을 어떻게 우리느냐에 따라 맛과 향이 다르다. 그러므로 차를 우리는 과정 또한 홍차의 맛과 향에 큰 영향을 준다고 할 수 있다.

1. 찻잎과 물의 만남

차를 우리는 것은 과학이다

차를 우린다는 것은 (뜨거운) 물속에 잠긴 찻잎으로부터 수용성 고형 물질을 추출하는 것이다. 찻잎 속에서 고형 물질이 추출되어 나오는 것은 티백을 우릴 때 더 확실히 알 수 있다. 입자가 작고 티백이라는 제한된 공간에 모여 있기 때문이다. 티 팟에 티백을 하나 넣고 끓인 물을 붓는 순간 순식간에 주위의 물이 적색으로 물드는 모습을 볼 수 있다. 정말 찻잎 속에서 뭔가가 물속으로 뿜어져 나오는 듯하다. 필자는 3분 정도 차를 우릴 때 티 팟 전체를 두세 번 반드시 흔들어 준다. 가만히 두면 찻잎 주위의 농도만 짙어지기 때문이다. 흔들어서 티 팟 전체의 농도를 균일화시키면 그만큼 찻잎 속에서 고형 물질이 더 많이 추출되어 나오기 때문이다.

이렇게 마른 찻잎 속에서 (뜨거운) 물속으로 차의 맛과 향을 좌우하는 성분이 추출되어 나오는 과정을 과학적으로 하나씩 구분해보면,

1. 마른 찻잎에 물이 흡수되면 찻잎은 본래의 가공되기 전 상태로 돌아간다.
2. 동시에 찻잎 속의 수용성 고형 물질이 찻잎 속으로 들어온 물에서 용해된다.
3. 찻잎에서 물속으로의 성분 이동은 물속과 찻잎 속의 농도 차이로 인해 이뤄진다.
4. 이 과정은 양쪽이 평형(균형) 상태가 될 때까지 계속된다. 이것을 확산 과정이라 한다.
5. 물의 화학적 속성, 찻잎 크기, 찻잎과 물의 비율, 물 온도 등이 우려지는 속도, 정도에 영향을 미친다.
6. 최종적으로 우려진 차의 맛과 향에도 영향을 미치게 된다.

차를 우리는 방법에 관해서는 워낙 다양한 주장이 있고 문화적 요소들도 관련되기 때문에 필자가 다루기에는 너무 광범위하다. 이 장에서는 차를 우릴 때 가장 기본이 되는 물에 대해서 알아보겠다. 다른 조건이 같다면 물의 성질이 홍차의 맛과 향에 어떤 영향을 미치는지 실제 실험을 통해서 알아본 결과를 정리해보겠다.

물의 성질 - pH vs. GH

차를 우리는 물의 성질을 말할 때 우선 고려해야 하는 것은 두 가지다. 산성 혹은 알칼리성 여부를 판단하는 pH 지수와 경수(센물), 연수(단물)의 기준이 되는 GH 지수다. pH는 potential hydrogen-ion concentration의 약자로 수소 이온 지수를 뜻한다. 중성 혹은 순수한 물은 수소 이온 지수가 7이며 이것을 기준으로 낮으면 산성, 높으면 알칼리성(염기성)이다. 차를 우리기에는 pH6~pH8 사이가 적당하며 pH7 정도가 제일 좋다. pH 지수가 차를 우릴 때 매우 중요하지만 그렇게 신경 쓰지 않아도 된다. pH 지수는 차를 우릴 때뿐만 아니라 식수로 음용할 때도 건강과 관련되어 매우 중요하기 때문에 일상생활에서 우리가 접할 수 있는 대부분의 식수는 pH6.5~pH7.5 사이이기 때문이다.

하지만 경도GH-General Hardness는 아주 중요하다. 경도는 물속에 녹아 있는 칼슘과 마그네슘의 양을 복잡한 식을 통해 환산한 것이다. 우리가 흔히 센물이라고 하는 경수Hard Water에는 광물질(미네랄)이 많이 들어 있다. 이 광물질 중에서도 실제로 중요한 것은 칼슘과 마그네슘의 양이다. 칼슘 함유량이 높으면 차 맛이 쓰고 떫고, 마그네슘 함유량이 높으면 맛이 옅어지는 경향이 있다.

...
경수 지역을 위한 차를 따로 블렌딩해서 판매하는 해로게이트.

보통 경수(센물)는 석회암 지대의 지하수나 산속 계곡물인 경우가 많다. 세탁이나 목욕 시 거품이 잘 생기지 않는다면 경수임을 쉽게 알 수 있다. 연수(단물)는 칼슘, 마그네슘 양이 적은 물이다. 빗물, 수돗물, 증류수 등이다. 경도가 너무 낮아도 물맛이 없다.

이 pH 지수와 GH 지수가 중요한 것은 물이 찻잎으로부터 수용성 고형 물질을 추출해내는 데 영향을 미치며 최종적으로 차의 수색, 향, 맛을 좌우하기 때문이다.

실 험

필자의 아카데미 수업과정에는 물에 따라 홍차의 맛과 향이 어떻게 달라지는지를 알아보는 실험이 포함되어 있다. 경도 즉, 칼슘과 마그네슘 양에 따른 차이를 알아보는 것이다.

1. 산화가 많이 되고 수색이 짙은 잉글리시 브렉퍼스트 같은 강한 홍차 한 종과 반대로 산화가 약하게 되고 수색도 옅은 홍차(보통 누와라엘리야) 두 종을 선택한다.
2. 시중에 판매되는 생수 중 일부의 칼슘과 마그네슘 양은 아래와 같다.

(단위는 밀리그램)

	칼슘	마그네슘
아이시스	13.2~14.2	0.2~0.4
볼빅	9.7~14.5	7.6~9.1
백두산	10~10.1	5.2~5.5
풀무원	11~16.6	1.4~2.2
동원샘물	19.8~21.6	1.5~1.7
블루	8.1~13.5	1.1~1.3

에비앙	54~87	20.3~26.4
바른샘물	13.7~21.1	5.0~6.1
삼다수	2.5~4.0	1.7~3.5
백산수	3.0~5.8	2.1~5.4

시중에 판매되는 생수는 에비앙, 바른샘물, 삼다수, 백산수를 선택하는데 칼슘, 마그네슘 양을 기준으로 한 것이다. 표를 보면 에비앙이 칼슘, 마그네슘 양이 두드러지게 높은 것을 알 수 있다. 반대로 삼다수와 백산수는 매우 낮은 편이다. 국내에서 판매되는 모든 생수는 용기에 칼슘, 마그네슘 양이 표시되어 있다.

여기에 정수하지 않은 일반 수돗물과 필자가 사용하는 큰 주전자 크기의 휴대용 브리타BRITA 정수기로 정수한 물, 이렇게 2개를 더하여 보통 총 6개를 대상으로 한다.

실험 결과 홍차를 우렸을 때 최악의 물은 에비앙이다. 잉글리시 브렉퍼스트의 짙은 수색이 처음부터 매우 탁해 보인다. 10분쯤 지나면 표면이 마치 참기름에 먼지 앉은 듯한 외양을 띤다. 10분쯤 더 지나면 좀더 심해지고 차와 찻잔이 만나는 부분에 엷은 막이 끼면서 잔을 한쪽으로 기울이면 기분 나쁜 얼룩이 남는다. 더 심한 것은 향이다. 일상생활에서 쉽게 맡아볼 수 없는 아주 고약한 냄새로 비위가 약한 사람일 경우 구토가 나

···
에비앙으로 우린 찻물의
변화하는 모습.

홍차 수업 2

올 법한 역겨운 냄새가 난다. 찻잔 바닥에 침전물도 보인다. 수업을 할 때마다 공통적으로 나타난 현상이다.

미네랄이 많이 들어 있는 물이 건강에는 좋을지 모르지만 차를 우릴 때는 전혀 다른 문제임을 알 수 있다.

바른샘물도 정도는 덜하지만 전체적으로 에비앙과 비슷하다. 삼다수와 백산수는 칼슘이나 마그네슘의 양이 거의 비슷함에도 불구하고 맛과 향에 미묘한 차이가 있다. 삼다수가 차를 우리기에 좋은 편이다. 수색이 옅은 홍차도 잉글리시 브렉퍼스트보다는 정도가 덜하지만 전체적으로는 비슷한 현상이 생긴다.

홍차의 맛과 향이 제일 좋은 것은 브리타 정수기로 정수한 물이다. 삼다수와 비교했을 때 큰 차이는 아니지만 대체로 브리타 물로 우린 홍차가 더 좋다는 평가를 내렸다. 정수한 것과 하지 않은 수돗물 차이는 뚜렷하다. 정수한 물을 사용하는 것이 확실히 좋다. 학생들 가운데 집에서 사용하는 정수기 물을 가져온 경우도 있었지만, 브리타 정수기가 대체로 더 나았다. 제주에서 오는 학생들은 제주도 물에 굉장한 자부심이 있었는데, 결국은 브리타 정수기가 더 좋았다.

위 내용은 필자의 아카데미 수업에서 실험 후 나온 결과를 평균적으로 정리한 것이다. 여러 가지 생수의 제품명이나 상품 브랜드가 노출되는 것에 망설임이 없지는 않았으나 정확한 내용을 전달하기 위해 있는 그대로 쓰기로 했다.

생수 4개는 보는 바와 같이 칼슘, 마그네슘의 양이 다르다. 삼다수에도 전혀 들어 있지 않은 것은 아니다. 앞에서 언급한 것처럼 경도가 너무 낮아도 맛이 없다. 따라서 차에 가장 이상적인 물은 pH는 중성이며 가능하면 광물질 즉, 칼슘과 마그네슘을 적게 함유하고 있는 것이다.

차에 좋은 물이란

찻잎 속에 든 성분이 추출되는 것은 물속에 용해된 산소 영향도 크다. 따라서 오래 끓였거나 여러 번 끓인 물은 적합하지 않다. 수돗물은 정수해서 쓰는 것이 좋지만 미네랄을 완전히 제거해버리는 정수기는 좋지 않다. 증류수는 미네랄이 전혀 없기 때문에 또한 적합하지 않다. 위의 표에서 본 것처럼 시중에서 판매되는 생수는 차를 우리기에는 미네랄 성분이 다소 많은 편이다. 차 한 잔의 99퍼센트는 물로 이뤄져 있다. 다성茶聖 육우를 비롯해 옛 글에도 물의 중요성을 언급한 내용이 많다. 맛과 향이 좋은 차를 나쁜 물에 우리면 결국은 맛없는 차가 된다. 물이 중요한 이유다.

제4부

홍차, 더 깊게 즐기기

8장
홍차 잔과
커피 잔

1. 홍차 잔과
커피 잔은 달라야
하는가?

우리나라 홍차 애호가들 대부분은 홍차 잔과 커피 잔을 따로 구분하는 경향이 있다. 커피 잔과 달리 잔의 높이가 낮고 지름이 큰 것을 보통 홍차 잔으로 여긴다. 향을 풍부하게 맡을 수 있고, 수색이 예쁘기 때문이라는 이유를 든다. 필자 역시 어떻게 접하게 되었는지는 모르지만 처음에는 막연히 그렇게 생각했다.

홍차 애호가들에게 널리 알려진 일본 도자기 회사 노리다케^{Noritake} 제품은 한국에서 같은 디자인을 형태를 달리해서 찻잔과 커피 잔으로 구별해 판매되고 있다.

그런데 애프터눈 티로 유명한 런던 호텔인 랭함^{Langham} 호텔, 도체스터^{Dorchester} 호텔, 클라리즈^{Clariges} 호텔, 리츠^{Ritz} 호텔의 애프터눈 티 사진을 검색하면서 본 찻잔들은 정작 일반 커피 잔과 별 차이가 없었다. 2013년 리츠 호텔 애프터눈 티에 필자가 직접 가서 찍은 사진을 다시 보니 역시 커피 잔과 차이가 없다.

호텔 이외에도 애프터눈 티로 유명한 해러즈 백화점의 더 조지안^{The Georgian}, 포트넘앤메이슨의 다이아몬드 주빌리 티 살롱^{The Diamond Jubilee Tea Salon}도 마찬가지로 차

···
노리다케 큐티로즈 디자인.
찻잔으로 분류된다.

···
포트넘앤메이슨
애프터눈 티 테이블.

···
마리아주 프레르
대표 찻잔.

이가 없다.

차 전문 회사로 유명한 마리아주 프레르 찻잔도 일반 커피 잔과 차이가 없다. 그렇다면 일본은 어떨까 해서 애프터눈 티로 유명한 도쿄의 호텔을 검색해보아도 커피 잔과 차이가 없다. 홍콩도 마찬가지였다.

과거에는 어땠을까? 홍차를 마시는 장면이 많이 나오는 드라마 「다운튼 애비Downton Abbey」(1910년에서 1925년까지 영국 어느 백작 가문의 이야기를

...
홍콩 페닌슐라
호텔 애프터눈
티 테이블.

...
19세기 무렵
차를 따르는
나이 든 여성.

다룬 드라마로, 그 당시 영국의 생활 모습을 잘 고증했다는 평가를 받았다. 한국에서도 많이 알려져 있는 드라마다)를 다시 보았다. 귀족이나 하인들이나, 집에서나 카페에서나 사용하는 잔들은 요즘 기준으로 일반 커피 잔을 사용했다. 계급이나 장소에도 구별이 없었다는 뜻이다.

전통을 지키는 것으로 유명한 영국 포트넘앤메이슨, 그리고 거의 대척점에 있으면서 매우 비전통적이고 도전적인 호주의 T2(티웨어로도 유명하다)에서 현재 판매하고 있는 찻잔을 보면 두 종류 모두 있다. 높이가 높은 것, 낮은 것 딱히 구분 없이 모두 판매한다.

향과 수색 때문이다?

그러면 찻잔과 커피 잔을 구별해야 한다는 말은 도대체 어디서 유래한 것인가? 그리고 그 근거로 삼은 향과 수색도 사실은 다소 의문점이 있다. 향을 중요시하는 와인 잔을 보면 아랫부분의 지름은 넓고 윗부분은 오히려 작아진다. 향을 모으려는 목적이다. 그리고 타이완에서 우롱차 향을 맡기 위해 사용하는 문향배 또한 어른 엄지손가락보다 조금 더 큰 정도다. 오히려 지름이 작은 게 더 효과적으로 향을 맡을 수 있다는 뜻이다. 따라서 향을 풍부하게 맡기 위해 잔의 지름이 넓어야 한다는 근거는 매우 빈약하다.

수색 또한 그렇다. 대부분 홍차 음용국에서는 설탕과 우유를 넣어서 마신다. 영국은 현재도 98퍼센트가 우유를 넣는다. 우유 넣은 홍차 수색이 중요할 리 없다.

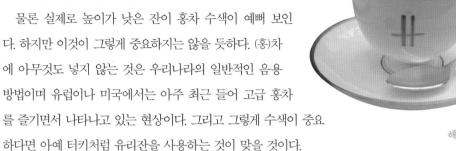

해러즈의 찻잔.

물론 실제로 높이가 낮은 잔이 홍차 수색이 예뻐 보인다. 하지만 이것이 그렇게 중요하지는 않을 듯하다. (홍)차에 아무것도 넣지 않는 것은 우리나라의 일반적인 음용 방법이며 유럽이나 미국에서는 아주 최근 들어 고급 홍차를 즐기면서 나타나고 있는 현상이다. 그리고 그렇게 수색이 중요하다면 아예 터키처럼 유리잔을 사용하는 것이 맞을 것이다.

앞서 언급한 포트넘앤메이슨이나 T2에서는 다양한 머그잔도 많이 판매하고 있다. 티백용이다. 더구나 최근 들어 잎차를 넣은 고급 티백도 많이 판매하기 때문에 편리성을 중요시하는 서양에서는 머그잔 수요가 많을 수 있다. 머그잔을 사용하게 되면 그 중요하다는 수색 감상과는 더 멀어진다. 필자의 부족한 능력 때문이기도 하겠지만 홍차 잔이 굳이 높이가 낮고 지름이 넓어야만 하는 근거를 찾지 못했다.

2. 조지 오웰이 제안하는 한 잔의 맛있는 차

오히려 그 반대되는 주장은 있다. 소설 『동물 농장』의 작가로 유명한 조지 오웰이 1946년 1월에 『런던 이브닝 스탠더드』에 기고한 "한 잔의 맛있는 차A nice cup of Tea"라는 제목의 글이다. 홍차와 관련된 글로는 아주 유명하다.

이 글에서 조지 오웰은 제목 그대로 차를 맛있게 마시는 11가지 방법을 설명했다. 그중 여덟 번째로 다음과 같이 적었다.

"좋은 브렉퍼스트 잔으로 마셔라. 평평하고 얕은 잔 말고 원통형이어야 한다. 이 브렉퍼스트 잔은 차도 많이 담는다. 평평하고 얕은 잔은 마시기 시작하기도 전에 거의 항상 차가 반쯤 식어버린다."

조지 오웰.

...
TWG.

Eighthly, one should drink out of a good breakfast cup—that is, the cylindrical type of cup, not the flat, shallow type. The breakfast cup holds more, and with the other kind one's tea is always half cold before one has well started on it.

...
로네펠트.

브렉퍼스트 잔Breakfast cup을 사전에 찾아보면 "아침 식사를 할 때 차와 커피 등을 마시는 비교적 큰 잔"이라고 나와 있다. 머그처럼 생긴 것 같다. 실제로 필자가 홍차를 마실 때 사용하는 잔도 비교적 큰 잔이다. 아니면 차가 너무 빨리 식어버린다.

"홍차 잔과 커피 잔은 다르다"라고 우리나라에 알려져 있는 일반적 통념은 근거가 없다. 물론 잘 알려진 차 브랜드 중 높이가 낮

홍차 수업 2

고 지름이 큰 찻잔을 주로 사용하는 곳도 있다. TWG와 로네펠트다.

필자가 하고자 하는 말은 홍차를 마실 때 어떤 형태의 잔을 사용해야 하는지 마치 원칙이나 규정처럼 말해서는 안 되고 강요해서도 안 된다는 것이다. 어떤 잔을 사용하는지는 마시는 사람의 선택일 뿐이다.

일본 녹차의 한 형태인 말차가 유행이다. 우리나라뿐만 아니라 미국, 유럽에서도 말차가 관심을 받고 있다. 새로운 것에 관심이 많은 젊은 세대의 한때 유행일지 혹은 오래 지속될지 아직 알 수 없다.

말차抹茶는 가루녹차다. 즉 녹차를 아주 미세하게 분쇄한 것이다. 그런데 모든 가루녹차가 말차는 아니다. 일반 녹차를 분쇄한 것이 가루녹차라면 정통 말차는 일반 녹차와는 다른 차나무 재배 방법과 가공 방법으로

...
일본 다원 전경.

만든 (말차용) 녹차를 분쇄한 것이다

말차와 가루녹차는 많은 점에서 다르다.

찻잎 재배 방법

말차용 녹차는 찻잎을 채엽하기 전 3주 정도 햇빛을 가리는 차광 재배를 한다. 차광 재배로 생산되는 대표적인 일본 녹차가 교쿠로(옥로玉露)와 덴차(연차碾茶, 덴차는 말차용 녹차의 이름이다. 이 덴차를 분쇄한 것이 말차다)다.

6장 '홍차 성분들과 건강상의 장점'에서 설명한 것처럼 찻잎에 들어 있는 주요 성분 중 하나로 감칠맛을 내는 아미노산(테아닌)은 햇빛(광합성)에 의해 떫은맛을 내는 폴리페놀로 전환된다. 차광 재배는 이 전환을 막아서 일본인들이 좋아하는 감칠맛을 증가시킨다. 또한 햇빛을 가리게 되면 찻잎은 줄어든 광합성을 보충하기 위해 더 많은 엽록소를 생산하게 된다. 정통 말차가 일반적인 가루녹차보다 짙은 연녹색인 이유다. 이것이 차광 재배의 또 다른 목적이다.

...
차광 재배하는 모습.

가공 방법 차이

　교쿠로와 덴차는 차광한다는 점에서 찻잎 재배 방법은 같지만, 차를 만드는 가공 방법은 다르다. 교쿠로는 우리나라 녹차 가공 방법과 기본적으로 같다. 다만 살청과정을 뜨거운 솥에서 하는 것이 아니라 증기로 하는 것이 다르다. 교쿠로가 차광 재배·채엽·증청·유념·건조 단계로 이루어진 반면 덴차 가공법은 차광 재배·채엽·증청·건조·줄기 및 엽맥 제거 단계를 거친다. 교쿠로 가공과정에는 포함된 유념이 없고 줄기 및 엽맥 제거라는 특이한 단계가 하나 더 있다.

　가루녹차인 말차는 사발처럼 생긴 큰 다완茶碗에 말차를 넣고 물을 부어 대나무로 만든 다선으로 휘저어서(격불擊拂) 거품을 낸 후 차 전체를 마시는 것이다. 일반 녹차처럼 우려낸 찻물만 마시는 것이 아니다. 간단히 말하면 녹차가루를 물에 타서 마신다고 생각하면 된다. 그럼에도 쓰고 떫은 맛이 나지 않고 거친 느낌이 입안에서 느껴지지 않는다. 이게 정통 말차의 맛이고 이런 맛을 내기 위해 찻잎 재배 방법이나 차 가공 방법이 다른 것이다.

　아주 미세한 분말이어야 다선으로 휘저었을 때 거품이 고르게 일어나고 입안에서 거친 느낌이 나지 않게 된다. 이렇게 만들기 위해 잎에 있는 가느다란 엽맥까지 제거할 필요가 있다. 유념과정을 거치지 않은 찻잎을 엽맥만 제거했기에 덴차는 마치 아주 작은 종이 가루 모양이다. 유념은 찻잎의 형태를 잡아 부피를 줄이고, 찻잎에 상처를 내서 잘 우러나게 하는 것이 목적이다.

　따라서 어차피 미세 가루로 분쇄할 거라면 굳이 유념과정을 거칠 필요가 없다. 조금 다르긴 하지만 CTC 홍차 가공과정에 유념이 따로 없는 것과 같은 원리다.

　이렇게 덴차 상태로 보관하다가 필요할 때 맷돌

마찰열로 인한 맛 변화를
방지하기 위해
천천히 분쇄한다.

로 분쇄해 말차로 만들어 음용하는 것이 전통적인 방법이다. 요즘은 분쇄
해서 작은 참치 캔처럼 생긴 용기에 밀폐된 상태로 판매하는 경우가 대부
분이다.

말차 vs. 가루녹차의 특징

말차와 가루녹차는 맛뿐만 아니라 색상, 질감, 사용 목적이 다르다. 말
차는 밝은 녹색이라면 가루녹차는 다소 흐릿한 올리브색이다. 말차가 섬
세하고 부드러운 촉감이라면 가루녹차는 거칠고 아주 가는 모래 같은 느
낌이 든다. 전혀 떫은맛이 없고 고소하기도 하고 달콤하기도 한 묘한 맛이
말차가 주는 매력이다. 일본을 대표하는 문화로 잘 알려진 다도에 사용하
는 것이 말차다. 말차에도 등급이 있어서 다도 의식에 사용되는 것은 매
우 고급에다 고가다.

... 찻잎을 확대한 것. 엽맥이 보인다.

... 마치 종잇조각처럼 생긴 덴차.

... 덴차를 분쇄한 말차.

... 가루녹차(坐)와 말차(우)의 일반적인 색상 차이.

덴차

일본 녹차에는 교쿠로, 센차, 반차, 쿠키차, 코나차, 겐마이차, 호지차 등 다양한 이름을 가진 여러 종류가 있다. 말차용 녹차인 덴차는 일반적인 소비용 차로는 판매되지 않았다고 한다. 말차를 가공 및 판매하는 생산자와 상인들 사이에서만 유통되었는데, 최근 이 덴차에 대한 수요가 일본에서 생겼다고 한다. 앞서 설명했듯이 특별한 가공과정에서 오는 순수하고 우아한 맛을 좋아한다고 한다. 필사는 아직 경험해보지 못했다.

10장
경매Auction
홍차 거래 방법

케냐, 스리랑카, 인도 등 주요 홍차 생산국의 홍차 거래 방법은 경매(옥션Auction)를 통해서 이뤄진다. 커피, 카카오 등을 포함한 많은 농산물 역시 경매를 통해 거래되지만 홍차 경매에는 특이한 점이 있다. 커피처럼 하나의 표준이 되는 지표 가격이 없다는 것이다. 커피는 생두 상태로 거래된다. 따라서 그해 작황 상태에 따라 생두의 전반적 품질과 생산량이 어느 정도 정해지면 수요와 공급에 따라서 가격이 변동된다. 그리고 생두를 구입한 이후 로스팅, 블렌딩 과정 등을 통해 맛과 향 즉, 품질에 변화를 줄 수 있는 여지가 아주 많다. 심지어 생두 자체보다는 로스팅과 블렌딩 과정을 거치면서 품질이 좌우되는 정도가 크다.

홍차 품질의 변동성

하지만 홍차는 다원에서 생산되는 것이 품질 그 자체로는 마지막이고 최종적이다. 게다가 이론적으로는 같은 다원에서 생산되는 홍차라도 매일 품질이 달라진다. 널리 알려진 유명한 다원은 적합한 테루아와 좋은 차나무, 훌륭한 가공 기술을 갖고 있기에 그곳에서 생산된 홍차 품질이 일반적으로 좋기는 하지만 항상 그런 것은 아니다.

로트 혹은 배치 단위로
포장된 홍차.

다르질링의 유명한 암부샤, 캐슬턴 다원에서 생산된 홍차도 올해가 지난해보다 상태가 나쁠 수 있고, 어제 생산된 FF가 오늘 생산된 FF와는 품질이 다를 수 있다. 거의 매일 채엽한 뒤 매일 생산되는 홍차는 채엽·위조·유념·산화·건조·분류 등 각각의 가공과정에 너무 많은 변수가 있기 때문이다.

따라서 홍차는 로트 혹은 배치 단위로(Lot/Batch, 채엽에서 건조까지 함께 생산된 일정량을 의미하며 품질이 같다고 봄. 지역별로 다원별로 계절별로 배치/로트 생산량이 다르다) 생산된 것을 매번 해당 홍차의 맛과 향을 테이스팅한 후 가격대가 정해진다.

아주 대량으로 생산되는 CTC 같은 경우는 덜 하겠지만, 다원별로 소량으로 생산되는 고가의 홍차는 더더욱 직접 평가가 중요하다. 이런 특징을 가진 홍차의 거래가 이루어지는 곳이 옥션 센터다.

옥 션 센 터 현 황

현재 전 세계에 13개의 홍차 옥션 센터가 있다.

인도에 8개가 있고, 스리랑카, 케냐, 방글라데시, 말라위, 인도네시아에 각각 1개씩 있다.(중국에는 차를 거래하는 옥션 시스템이 없다.) 다음은 옥션 센터의 이름, 위치, 설립 연도를 표로 정리한 것이다.

		콜카타	1861년
인도	서벵갈주	실리굴리	1976년
		잘파이구리	2005년
	남인도	코친	1947년
		쿠누르	1963년
		코임바토르	1980년
	아삼주	구와하티	1970년
	히마찰 프라데시주	암리스타	1964년
스리랑카	콜롬보		1883년
케냐	몸바사		1956년
방글라데시	치타공		1949년
말라위	블란티레		1970년
인도네시아	자카르타		1972년

이중에서 거래 물량도 많고 파급 효과 측면에서 중요한 곳은 인도의 콜카타, 스리랑카의 콜롬보, 케냐의 몸바사 옥션 센터다. 이 세 곳을 알아보기 전에 우선 현재는 존재하지 않지만 세계에서 가장 먼저 생겼고, 가장 긴 역사를 가진 런던 옥션 센터에 대해 알아보자.

런 던 옥 션 센 터

런던 옥션은 1679년 3월 11일에 처음 열린 후 1998년 6월 29일까지 약 320년 동안 운영되었다. 1679년이면 영국 차 수입 물량이 2~3톤 수준에 불과할 때다.

오랫동안 영국 동인도 회사가 차를 독점 수입했으므로 런던 리든홀 스트리트Leadenhall Street에 있는 동인도 회사 본부에서 옥션이 진행되었다.

1834년 동인도 회사의 차 수입 독점이 종료된 후 근처 민싱 레인Mincing

···
민싱 레인 시절의 옥션 모습.

···
영국 동인도 회사 화폐.

···
영국 동인도 회사 문양.
동인도 회사 역사는 영국 홍차의 역사와 불가분 관계다.

Lane이라는 거리로 옮겼고, 그 후 민싱 레인은 영국 홍차를 상징하는 장소가 되었다.

오늘날 월스트리트 하면 증권가를 가리키듯 그 당시 민싱 레인 하면 차를 의미했다고 한다. 민싱 레인은 템스 강가에 위치한 런던 탑Tower of London 근처에 있으며 런던 탑을 지나 타워 브리지를 건너면 바로 버틀러스 와프Butler's Wharf가 나온다. 버틀러스 와프는 템스 강가에 위치한 오래된 창고 지역으로, 과거에는 차와 향신료를 이곳 부두에서 하역해서 보관했다.(버틀러스 와프에 관해서는 『홍차 수업』 332쪽 참조) 차 보관 창고와 옥션 센터가 걸어서 20~30분쯤 되는 가까운 거리에 있었던 것이다.

몸바사 옥션과 콜롬보 옥션

오랫동안 거래 물량 기준으로 세계에서 제일 큰 옥션은 스리랑카 콜롬보 옥션이었다. 스리랑카는 법에 의해, 생산된 차의 대부분(97퍼센트)을 옥션을 통해서만 거래하도록 되어 있기 때문이다. 반면 인도는 생산량의

…
(좌) 케냐 몸바사
옥션 진행 모습.
(우) 스리랑카 콜롬보
옥션 센터 건물.

50퍼센트만 옥션을 통해서 거래하면 되고, 나머지는 직거래 등 임의대로
처리할 수 있다. 하지만 이 방법에 문제가 많아 스리랑카처럼 거의 전량을
옥션을 통해 거래하는 방법을 검토 중이다.

　2014년부터 케냐의 몸바사 옥션이 거래 물량으로는 세계 최대 옥션이
되었다. 하지만 거래되는 홍차가 케냐는 주로 CTC 위주이고 스리랑카는
정통 홍차 위주이므로 거래 금액 기준으로는 아직 콜롬보 옥션이 1위라는
자료도 있다. 그렇다고 해도 곧 금액 기준으로도 몸바사 옥션이 1위가 될
것이다. 케냐의 자체 생산 물량이 계속 늘어나고 있기도 하지만 아프리카
내륙에 있는 르완다, 우간다, 탄자니아 등의 생산 물량도 취급하면서 거래
물량이 계속 증가하고 있기 때문이다.

…
콜카타 옥션 진행 모습.

콜카타 옥션

　인도에는 8개 옥션 센터가 있지만 암리스타
센터와 잘파이구리 센터는 큰 의미가 없다. 암
리스타 센터는 인도 서북쪽 캉그라 지역에서 생
산되는 차를 거래하기 위한 것이지만 이곳의 생
산 물량이 연간 1000톤 수준으로 아주 미미하

기 때문이다. 2005년에 설립된 잘파이구리 센터
도 큰 역할을 못 하고 있다. 나머지 6개 중 코친,
쿠누르, 코임바토르 센터에서는 남인도 지역 생산
물량을 취급하고, 구와하티 센터에서는 아삼 지역
을, 실리굴리 센터에서는 테라이, 두어스 지역에서
생산된 홍차를 취급한다. 즉 옥션 센터는 생산지
에 인접해 세워지는 것이 일반적이다. 옥션 센터까
지 운반하기 편리해서다.

그런데 콜카타 옥션 센터 주위에는 차 생산지
가 없다. 처음 설립된 1861년에야 생산량도 적고
대부분 영국으로 가져가니 당시의 수도였던 콜카
타에 옥션 센터가 있는 것은 이해가 된다. 하지만 지금은 각 생산지마다
옥션 센터가 있음에도 불구하고 왜 여전히 콜카타가 인도에서 가장 영향
력이 큰 옥션 센터인 것일까?

아삼 지방의 소외

콜카타 옥션에서 거래되는 홍차는 다르질링, 두어스, 테라이 그리고 아삼 지역에서 생산된 홍차이지만 물량으로 보면 거의 대부분이 아삼 홍차다. 아삼 홍차 중에서도 정통 홍차를 주로 취급한다. 다시 말하면 콜카타 옥션에서는 아삼 홍차 중에서도 고급 홍차, 수출되는 홍차를 주로 취급한다. 마찬가지로 거의 대부분 해외에서 소비되는 다르질링 홍차도 대부분 콜카타 옥션에서 거래된다.

인도 지도를 보면 아삼 지역은 인도 동북쪽 구석에 섬처럼 위치해 있다. 방글라데시가 독립하면서 아삼은 인도 본토와 닭의 목Chicken's Neck이라고도 불리는 폭 22킬로미터에 불과한 실리구리 회랑Siliguri Corridor으로 연결되어 있다.

아삼은 170여 년 전 처음 다원이 개척되던 당시도 그랬지만 오늘날까지도 상대적으로 저개발되고 소외된 지역이다.

아삼에 위치한 다원들의 소유자 대부분이 아삼 지역 사람이 아니라 외지인이다. 따라서 이들은 아삼에 거주하지 않는다. 주요 차 회사들의 본사 대부분도 캘커타에 위치한다. 이런 이유들로 수출을 위해 아삼 홍차를 구입하려는 사람들은 모든 인프라가 열악한 아삼에 가기를 원치 않는다. 판매를 해야 하는 쪽이 아쉬우니 어쩔 수 없이 생산지에서 먼 콜카타까지 차를 운반해 오는 것이다. 물론 홍차를 수출하기 위해서는 항구가 있는 콜카타로 와야만 한다는 것도 이유가 될 것이다. 장기적 관점에서 본다면 콜카타보다는 구와하티 옥션이 점점 더 중요해질 것은 명백하다.

옥션 시스템의 네 구성원

옥션 시스템을 구성하는 4개 주요 구성원은 차를 생산해서 판매하는 측(판매자), 옥션에서 거래될 차를 보관하는 측(보관자), 차를 구매하고자

하는 측(구매자) 그리고 가장 중요한 역할을 하는 중개인으로 차를 평가하고 적절한 가격을 매기고 이를 판매하는 측이다.(브로커) 이 네 구성원들은 해당 옥션 센터에 회원으로 등록해야만 한다. 옥션 센터는 경매 행위가 일어나는 공간으로 네 구성원들의 활동을 감독하며 경매 행위가 원활히 진행되도록 조정하는 역할을 한다. 판매자는 대부분 다원이나 차 생산 회사이며, 구매자는 차 가공 판매 회사나 구매 대행자다. 옥션에서 거래될 차는 반드시 브로커가 지정한 창고에 도착해야만 한다. 즉 실물이 확보되어야만 그 다음 단계로 진행되는 것이다.

옥션 진행과정

창고에 차가 도착한 것이 확인되면 브로커는 각 판매 로트별로 일정량의 차를 샘플로 가져와 평가한다. 맛을 평가하고 가격을 결정하고 판매할 차의 카탈로그를 작성한다. 이 일이 브로커의 가장 중요한 업무다. 판매될 차의 가격이 판매를 의뢰한 측이나 구매 예정자 양쪽이 신뢰하고 납득이 되어야 하기 때문이다. 각 옥션 센터에 등록된 브로커(중개 회사)가 많지만 이 평가를 가장 잘하는 브로커에게 판매를 의뢰하는 판매자가 많을 수밖에 없다.(중개 회사의 수는 캘커타 옥션이 4개, 케냐 몸바사 옥션이 11개, 스리랑

카 콜롬보 옥션이 8개다. 이들은 서로 경쟁한다.)

다양한 직급의 티 테이스터Taster들이 하루 평균 1000종 이상의 차를 평가한다고 한다. 평가된 차의 가격이 정해지면 카탈로그에 인쇄된 차 실물과 함께 구매 예정자들에게 보낸다.

스리랑카 옥션 센터의 경우

스리랑카에서는 매주 화, 수요일에 경매가 열리는데, 해당 경매가 열리기 열흘 전쯤 구매 예정자들(대부분 큰 회사)은 스리랑카 티 보드Tea Board에 등록된 8개의 브로커(중개 회사)들로부터 약 1만 종 정도의 차와 함께 가격이 인쇄된 카탈로그를 받는다. 차를 받은 구매 예정자들은 이 1만 종 정도의 샘플을 자신들의 기준으로 테이스팅하여 어떤 홍차를 어느 정도 가격에 얼마나 살지 미리 정한 후 옥션에 참석한다. 경매 당일 옥션 센터에 오는 구매 예정자들은 이미 홍차의 품질과 예정가를 알고 있는 것이다. 이 상태에서 경매가 진행되며 가장 높은 가격을 제시하는 회사가 낙찰을 받게 된다.

스리랑카 옥션 센터에서는 일주일에 약 7000톤 정도가 거래되며 스리랑카 티 보드가 인정한 8개의 브로커 회사를 통해서만 팔고 살 수 있다.

이틀 동안 8개 회사가 시간을 배당받아 진행하니 매우 빠른 속도로 옥션이 이뤄진다. 대략 1분에 4종 정도가 거래된다고 한다. 옥션을 견학하기 위해서는 사전에 신청해야 하고 공식적으로는 정장을 입어야 한다. 필자도 직접 방문해봤는데 재미있는 경험이었다.

옥션 및 직거래의 장단점

창고 도착 후 판매까지 3~4주 정도 소요되므로 이른 봄에 하루 이틀을 두고 공급 및 판매를 경쟁하는 다르질링 FF 같은 경우는 옥션에 적합하지 않다.

유럽 일부 회사들은 주요 다원과 오랫동안 신뢰를 쌓아 원하는 차를 손쉽게 확보할 수도 있고 혹은 자신들만을 위한 홍차를 계약 주문하는 경우도 있다. 이는 직거래만의 장점이다. 옥션을 통한 거래는 아주 다양한 품질과 가격대의 홍차를 구입할 수 있다는 것과 브로커(중개 회사)가 거래를 보증해준다는 장점이 있다. 워낙 다양한 품질과 많은 물량이 거래되기 때문에 시장 트렌드를 파악할 수 있는 기회가 되기도 한다.

영국, 독일, 프랑스, 미국 등과 같은 선진국에서 음용되는 홍차는 대부분
블렌딩 홍차다. 잉글리시 브렉퍼스트, 잉글리시 애프터눈 티 같은 홍차들
이 전형적인 블렌딩 홍차다. 블렌딩 홍차는 여러 나라의 여러 지역에서 생
산된 것을 블렌딩한 것이므로 생산지가 중요하지 않았다.

　소비자들 역시 티백으로 우려내 설탕과 우유를 넣어 마시는 홍차의 생
산지까지 알고자 하지 않았다. 그러다가 단일 산지 홍차가 조금씩 관심을
받게 되었다. 아삼, 다르질링, 우바, 딤불라, 키먼, 윈난과 같이 생산 지역의

···
(좌) 해러즈의
잉글리시 브렉퍼스트.
(우) 포트넘앤메이슨의
애프터눈 블렌드.

...
(좌) 포트넘앤메이슨의
다르질링.
(우) 로네펠트의 로열 아삼.

테루아의 영향에 따라 그 나름의 차별화된 맛과 향을 가지기 때문이다.
생산지를 따져보며 차를 음용하는 소비자들은 상당한 홍차 애호가로 보
아도 무방하다. 하지만 '소수'에 불과하다.

1. 단일 다원 홍차 : 생산지와 계절, 홍차 등급까지

최근 홍차 애호가들이 관심을 갖고 있는 것은 단일 다원 홍차다. 길게 보
면 10년, 짧게 보면 5년 전부터 나타난 현상이다. 같은 생산지일지라도 다
원의 위치 차이에서 기인하는 기후의 영향이나 다원별 가공 방법의 차이
등에서 오는 맛과 향의 섬세한 차이에 매력을 느끼는 것이다. 홍차 회사들
의 마케팅 영향도 크다.

이런 추세를 이끈 것이 다르질링 다원들이다. 이런 단일 다원 홍차에
관심을 보이고 구입한 뒤 음용하는 홍차 애호가들은 '극소수'다. 이것이
홍차 선진국들의 현황이라고 보면 된다.

이 책을 읽고 계신 독자 여러분의 관점으로만 보지 않기를 바란다. 우
리나라 홍차 애호가들은 대체로 이 '극소수'에 속한다.

현재 판매되고 있는 단일 다원 홍차들은 대체로 생산지와 다원의 이름, 홍차 등급 등이 표기되어 있다.

누와라엘리야, 러버스 립Lover's Leaf 다원 FBOP 2017 (포트넘앤메이슨).
아삼 나호르하비Nahorhabi 다원 SFTGFOP1 여름 (로네펠트).
다르질링 싱불리Singbulli 다원 SFTGFOP1 DJ5 2018 (마리아주 프레르).

생산 연도와 생산 계절이 중요한 지역은 따로 표시를 한다. 로네펠트에서 나온 나호르하비 다원은 여름, 마리아주 프레르의 싱불리 다원은 DJ5 즉, 이른 봄에 생산되었다는 뜻이다. DJ는 다르질링Darjeeling의 약자이고, 5라는 숫자는 2018년 봄에 다섯 번째로 생산했다는 뜻이니 아주 이른 봄을 의미한다.

포트넘앤메이슨의 러버스 립 다원에는 패키지 뒷면에 작은 글씨로 2월에 채엽했다고 나와 있다. 누와라엘리야 지역에서는 1월에서 3월 사이에 가장 품질이 좋은 홍차가 생산된다. 고가의 단일 다원 홍차에는 대체로 이런 표기 사항들이 적혀 있다.

2. 고급 홍차 판매의 새로운 시도

2016년 무렵부터 마리아주 프레르에서는 이런 표기 사항이 아예 없는 다르질링 홍차들이 등장했다. 다원 이름이나 등급, 생산 시기가 나와 있지 않다. 그야말로 아무런 정보가 없다. 그런데 아주 고가다.

2019년 3월 현재 판매되고 있는 '다르질링 뷰티Darjeeling Beauty'에는 유기농 다원에서 생산한 홍차라는 표시뿐이다. 그 이외에는 아무것도 없다. 가격은 100그램에 88유로(약 11만원)로 매우 고가다. 특이점은 '다르질링 뷰티' 옆에 트레이드 마크TM 표시가 되어 있고, 아래에는 마리아주 프레르 전용으로 10킬로그램만 생산되었다는 설명이 있다.

그동안 고가로 판매되어 왔던 단일 다원 홍차는 이론적으로는 어느 홍차 회사나 판매할 수 있었다. '싱불리 다원 FF' 혹은 '마거릿 호프 다원 SF' '러버스 립 다원 FBOP' 같은 다원의 차는 포트넘앤메이슨, 로네펠트, 해러즈, 마리아주 프레르 등 어느 회사나 판매할 수 있다. 다원으로부터 구입하기만 하면 되었기 때문이다.

마리아주 프레르는 차별화 전략을 통해 이들과 달리 자신들만 팔 수 있는 차를 원한 듯하다. '다르질링 뷰티'라고 등록된 이름은 다른 회사에서는 사용할 수 없다. 다르질링 지역의 어느 다원에서 생산되기는 했겠지만 그 다원은 공개하지 않고, 마리아주 프레르를 믿고 구입하라는 이야기다. 다르질링 매직Darjeeling Magique, 다르질링 익셀시어Darjeeling Excelsior, 다르질링 세인트Darjeeling Saint처럼 TM 표시가 붙은 고가의 다르질링 홍차가 2018년에도 많이 등장했다.

...
다르질링 뷰티.

DARJEELING BEAUTY™
Black tea - Jardin Premier*
Darjeeling Haute Couture®
T1036 - 88 € / 100g

DARJEELING MAGIQUE™
Black tea - Jardin Premier*
Darjeeling Haute Couture®
T10387 - 66 € / 100g

DARJEELING EXCELSIOR™
Black tea - Jardin Premier*
Darjeeling Haute Couture®
T10388 - 88 € / 100g

DARJEELING SAINT™
Black tea
Darjeeling Haute Couture®
T1040 - 68 € / 100g

이 전략은 마리아주 프레르가 그간 쌓아올린 신뢰를 바탕으로 한 것이다. 마리아주 프레르에서 이 정도 가격으로 판매되는 것이라면 생산 다원 등을 포함한 아무런 정보가 없더라도 믿고 구입하겠다는 홍차 애호가들이 있을 것이라는 자신감이다.

이 마케팅 전략이 시장에 먹혀들어서 앞으로도 계속될지 혹은 다른 지역의 다원 홍차로도 확대될지는 알 수 없다. 혹은 다른 유명 홍차 회사들도 이 전략을 따라할지는 지금으로서는 예상하기 어렵다. 다만 필자는 이에 관해 부정적이다. 일단 홍차 가격이 너무 비싸다. 몇 개 구입해보았지만 과연 가격만큼 차별화가 되는지에 의문점이 들었다. 다른 홍차 회사와 차별화된 최고 제품을 공급하고자 하는 마리아주 프레르의 도전적인 마케팅 전략과 그 자신감은 높이 사지만 이 제품들을 추천하고 싶지는 않다.

···
왼쪽부터 다르질링 매직,
다르질링 익셀시어,
다르질링 세인트.

참고문헌

Brian R. Keating and Kim Long, *How to make Tea*, Harry N. Abrams, 2015.

David L. Ebbels, *Round the Tea Totum: When SriLanka was Ceylon*, AuthorHouse UK, 2015.

P. Sivapalan etc., *Handbooks on Tea, The Research Institute of Sri Lanka*, Ceylon Printers Ltd, 2008.

Dr. Tissa Amarakoon and Prof. Robert Grimble, *Tea & Your Health: The Science behind the goodness in real tea, Camellia Sinensis, nature's healing herb*, Dilmah, 2017.

Gabriella Lombardi and Fabio Petroni, *Tea Sommelier*, White Star Publishers, 2013.

James Norwood Pratt, *James Norwood Pratt's Tea Dictionary*, Devan Shah & Ravi Sutodiya, 2010.

Jeff Koehler, *Darjeeling: The Colorful History and Precarious Fate of the World's Greatest Tea*, Bloomsbury USA, 2015.

Kate Fox, *Watching the English: The Hidden Rules of English Behavior*, Nicholas Brealey Publishing, 2014.

Keith Souter, *The Tea Cyclopedia: A Celebration of the World's Favorite Drink*, Skyhorse Publishing, 2013.

Krisi Smith, *World Atlas of Tea: From the Leaf to the Cup, the World's Teas Explored and Enjoyed*, Firefly Books, 2016.

Linda Gaylard, *The Tea Book: Experience the World's Finest Teas, Qualities, Infusions, Rituals, Recipes*, DK, 2015.

Lisa Boalt Richardson, *Modern Tea: A Fresh Look at an Ancient Beverage*, Chronicle Books LLC, 2014.

Louise Cheadle and Nick Kilby, *The Tea Book: All Things Tea*, Sterling, 2015.

Mirdul Hazarika and Mrinal Talukdar, *Tocklai & Tea*, Mridul Hazarika and Mrinal Talukdar, 2011.

Pradip Baruah, *Tea Industry of Assam*, EBH Publishers(India), 2011.

Rebecca L. Johnson, Steven Foster, Tieraona Low Dog M.D., David Kiefer M.D., Andrew Weil M.D., *National Geographic Guide to Medicinal Herbs: The World's Most Effective Healing Plants*, 김영미 옮김, 『메디컬 허브백과』, 조선에듀케이션, 2015.

Rekha Sarin and Rajan Kapoor, *CHAI: The Experience of Indian Tea*, Niyogi Books, 2014.

Tony Gebely, *Tea, A user's guide, Eggs and Toast Media*, LLC, 2016.

손창호, 이윤희 그림, 『인도 인사이트: 인도의 모든 것을 들여다보다』, 이담북스, 2018.

이광수, 『인도 100문 100답』, 앨피, 2018.

이진범, 『식물생리학 제2판』, 라이프사이언스, 2016.

정동효, 『차의 화학성분과 기능』, 월드사이언스, 2005.

찾아보기

홍차 수업 2

1판 1쇄 2019년 6월 14일
1판 2쇄 2024년 1월 3일

지은이 문기영
펴낸이 강성민
편집장 이은혜
마케팅 정민호 박치우 한민아 이민경 박진희 정경주 정유선 김수인
브랜딩 함유지 함근아 박민재 김희숙 고보미 정승민 배진성
제작 강신은 김동욱 이순호

펴낸곳 (주)글항아리 | 출판등록 2009년 1월 19일 제406-2009-000002호
주소 10881 경기도 파주시 심학산로 10 3층
전자우편 bookpot@hanmail.net
전화번호 031-941-5158(편집부) | 031-955-8869(마케팅)
팩스 031-941-5163

ISBN 978-89-6735-640-8 03570

www.geulhangari.com